군대에서 꿈을 설계하다

군대에서 꿈을 설계하다!

Designing Dreams in Uniform

‘장교 후보생’, ‘초급장교’를 위한 군 진로 설계 가이드북

임관 시 병과 선택부터 계급별 경력관리,
전역 후 제2의 직업 및 노후 대책까지…

대위급 이하 장교를
위한 경력관리
전략 코칭서

군에서 자신의 꿈을
실현하고자 하는 이를
위한 필독서

군에서 자신의 꿈을 실현하고자 하는 이를 위한 필독서

군에서 자신의 꿈을 실현하고자 하는 여러분은 초급 간부로 첫 발을 내딛는 순간, 국가직무 수행자인 동시에 국가와 국민의 신뢰를 책임지는 군 조직의 리더로 거듭나게 된다. 하지만 초급 및 중견 간부들의 불확실한 중장기적 진로로 인한 전역 증가, 각종 군내 사고로 인한 대국민 신뢰 저하 등으로 다수의 초급장교나 장교 후보생이 '군인의 정체성'에 대해 고민하고 있다. 특히, 본인의 진로에 대해 많은 궁금증이 있지만, 이를 명확하게 해소해 줄 선배 장교나 관련 정보를 찾기 어려웠다. **사실, 주변에 리더십 관련 정보나 서적은 넘쳐나나 군인 진로를 전문적으로 다루는 안내서는 찾아볼 수 없었다.** 군인을 희망하는 젊은 세대들은 "나는 어떤 군인이 되어야 하는가?", "군의 다양한 병과, 전문 특기에 있어서 나는 무엇을 택할 것인가?", "장기복무자가 되려면 어떠한 준비가 필요한가?, "군 경력을 어떻게 설계하면 고급장교로서 꿈을 이룰 수 있는가?", "군 경력과 다양한 군인 복지혜택을 통해 전역 후 어떠한 노후설계가 가능한가?" 등의 질문들 속에서 방향성을 못 찾고 있다.

이 책은 이러한 질문에 답하기 위해 출간되었다.

먼저 저자는 보병병과 장교로 인사 특기를 부여받아 34년간의 군 복무를 하면서 국방부, 육군본부, 지상작전사령부, 군단급 이하 제대까지 모든 제대에서 인사관리 업무를 담당하며 경력을 쌓았다. 특히 중·소령 때는 육군 인사사령부와 육군본부 인사참모부에서 전문 인사관리 실무를 경험했다. 대령 진급 시는 국방부에서는 인사기획관리과장으로 근무하면서 해군, 공군을 포함한 육군의 전반적인 인사관리제도를 조정·통제했다. 저자 또한 전투병과 장교이기에 기본직 지휘관 직위(**소대장, 중대장, 대대장, 여단장**)를 이수하였으며, 장군 진급 이후에는 육사 생도대장과 기갑여단장 직위를 수행하였다. 그 외에도 국내 석사과정과 국외 군사교육 과정을 이수하며 누구보다 폭넓고 다양한 경력을 쌓았다. 이러한 경험을 통해 축적된 저자의 현장감 있는 지식이 본 책자 전반에 녹아 있어, 독자들의 궁금증을 해소하는 데 큰 도움이 될 것이다.

먼저, 군인이란 직업은 하나의 역할로 정의되지 않는다. 전투 현장에서 전략·전술을 세우는 야전군인, 첨단 방위사업의 최전선에서 무기체계 획득을 책임지는 획득 전문가, 군사 외교를 책임지는 무관, 군의관, 법조인까지 다양한 역할을 한다. **이 책에서는 장기복무를 희망하는 장교가 선택할 수 있는 다양한 역할의 스펙트럼을 체계적으로 정리했다. 또한 분야별 전문군인으로 성**

장할 수 있는 단계적 경력관리 모델을 제시함으로써 여러분들의 군 복무 설계에 있어 방향성을 제공하고 실질적 경력관리에 도움을 주고자 했다.

군인에게 있어서 진급은 그 무엇보다 강력한 복무 동기이자 개인의 자아실현을 위한 최고의 수단이다. 따라서 진급심사 시 계급별 요구되는 개인 역량의 기준과 이를 달성할 수 있는 Know-How를 제시했다. 이 부분에서 저자는 물론 분야별 전문가로서 성공한 군 선배들의 경험적 요소도 포함하여 보다 검증된 설루션을 제공하려고 노력했다.

군 생활의 성패는 경력관리 외에도 매우 다양한 요소에 의해 좌우된다. 상급자와 부하의 기대를 읽는 소통 능력, 위기 상황에서의 결단력과 리더십, 군사 업무 외 개인이 특정 상황에서 감수해야 할 위험 관리 등이 그것이다. 이에 대한 실천 방안 역시 구체적으로 설명하였다.

최근에는 AI 기술이 인사관리 시스템에 접목되며 개인 경력관리 환경이 변화하고 있다. 데이터 기반의 객관적인 성과평가와 인사관리가 가능해지고 이에 따른 맞춤형 경력 코칭 및 역량 강화 기회가 확대되고 있다. 육군에서도 2026년 1월부터 새로 개발된 AI 기반의 스마트 인재관리 시스템을 활용하여 사회적 흐름에 발맞추고 있다. **앞으로 적용될 인사관리 시스템이 어떻게 구성되었고 향후 어떻게 인사관리어 적용될지에 대한 팁을 제공하고자 한다.**

군인이라면 누구나 군 인사법에서 정하는 계급 및 연령 정년에 의해 전역을 맞이한다. 전역 이후의 삶은 오히려 군 복무 기간보다 길어 더 중요시되고 있다. 얼마나 군 복무 간에 내실 있게 준비하느냐에 따라 전역 이후 삶의 질이 정해지므로 사전 준비는 필수이다. 그러나 군인은 군인복무기본법 제30조에 의거 군 복무 간 제2의 직업을 갖거나 영리 행위는 금지되어 있다. 그렇다면 당신은 어떻게 전역 후 삶을 준비할 것인가? **이 책은 군 경력을 전역 이후의 직업과 효과적으로 연계하는 가장 현실적인 방법을 제시한다.**

국가는 군인의 헌신에 보답하고자 특별한 혜택을 부여한다. 군인 연금제도, 내 집 마련 지원제도, 육아 지원제도, 노후 대비 목돈마련 지원, 전역 후 취업 지원 등이 그것이다. 필자는 이러한 다양한 제도를 어떻게 하면 가장 효과적으로 활용할 수 있는지 구체적 사례를 들어 설명하였다. 독자 여러분이 얼마나 적극적으로 실천에 옮기느냐에 따라 전역 후 삶의 질은 크게 달라진다. 특히, 전역 후 경제적 여유를 어떻게 마련하느냐에 따라 제2의 직업을 찾는 데 있어 선택의 폭도 달라진다. 경제적 여유가 뒷받침되면 보다 다양한 선택지를 고려할 수 있고, 자신이 원하는 직업을 찾는 데 유리하다. 결국 미래를 준비하는 계획 수립과 실천 여부에 따라 여러분의 전역 후 삶의 질이 결정된다고 보면 된다.

이 책자는 군 복무를 하면서 최소 네 차례 이상 활용될 것이다. **임관 전 병과를 선택하고 군인으로서의 꿈을 설계하는 시기, 장**

기복무 여부를 결정하는 시기, 위탁교육을 통해 전문인력으로 진로를 구체화하는 시기, 영관장교 진급을 준비하는 시기, 그리고 지휘관 직위를 수행하는 시기 등 주요 분기점마다 길잡이 역할을 하게 될 것이다. 물론 시간이 지남에 따라 인사관리 규정은 일부 변경될 수 있다. 그러나 이 책에서 제시하는 기본 원칙과 판단 기준은 쉽게 변하지 않을 것이다.

마지막으로, 이 책이 여러분의 군 복무를 통한 꿈 실현, 육군의 발전, 국가·사회의 기여라는 세 축을 동시에 이루는 여정에 도움이 되길 바란다.

목차

제1장

품격 있는 군인!
신뢰받는 군인상

국민이 바라는 군인상

저자가 국방부 근무 시 다양한 정부 기관과 협업하고, 시민단체 및 국민의 민원을 처리하면서 느낀 그들이 바라는 군인상은 그리 특별하지 않았다. 국가와 국민을 보호하는 데 헌신하고, 정치적 중립을 통한 민주적 가치 수호를 신념으로 하며, 유사시 군인으로서 완벽히 임무 수행하는 강인한 군인상이 그것이었다. 물론 이 외에도 다양한 바람이 있을 수 있으나 저자가 관찰한 그들의 공통된 기대는 다음의 세 가지 군인상이었다.

먼저, 헌신적으로 국가를 수호하며 국민을 보호하는 군인상이다. 이는 장교가 가져야 할 국가와 국민에 대한 충성심과 헌신의 자세를 의미한다. 군인복무기본법 제5조 국군의 강령에서 국군은 국민의 군대로서 국민의 생명과 재산을 보호하도록 법문화 되어있다. 국민의 생명과 재산을 보호하기 위해서 군인은 적의 위협으로부터 국가를 안전하게 방호해야 한다. 또한 다양한 국가 재난 상황 시 국민의 재산과 생명을 구할 수 있는 대비를 갖춰야 한다.

우리 군은 창군 이후 3,000회가 넘는 북한의 도발에 단호하게 대응해 왔다. 이러한 모습은 국민에게 각인되었고, 이제는 국민이 추구하는 군인상으로 자리매김하고 있다. 또한 자연재해, 테러와 같은 위기 상황에도 군인은 신속하고 결단력 있게 대응해 국민의 안전을 보장해 왔다. 계속되는 대형산불 진화나 태풍 피해 복구 현장에서 군인들이 보여준 활약이 대표적인 사례들이다. 군인이라면 국가와 국민에 헌신과 봉사하는 자기 모습에 최고의 자긍심을 가져야 할 것이다.

둘째, 민주적 가치를 수호하는 군인상이다. 여기서 핵심은 정치적 중립 유지와 장병 기본권 존중이다. 우리나라의 민주주의는 세계 최고 수준으로 성장하였으며, 군 역시 이에 발맞추어 나가는 것이 당연하다. 정치적 중립은 헌법 제5조 2항 "군인은 정치적 중립을 지킨다"라는 조항에 의거 엄격히 준수된다. 정권 교체에 따른 통수권자가 바뀌더라도 자발적인 복종은 선택이 아닌 필수적인 것이다. 개인적으로 특정 정당 후보자에 대한 선거권은 있으나 공개적으로 정치 성향을 표출할 권리는 없다. 이것이 국민이 군인에게 바라는 정치적 중립의 모습이다. 다음은 장병의 기본권과 인권 존중 측면이다. 군인도 국민의 한 사람으로서 헌법에 의거 기본권과 인권을 존중받을 권리가 있다. 또한 군인복무기본법 제4조 군인의 권리 보장과 제5조 차별 금지 조항, 국가인권위원회법도 이와 맥락을 같이 한다. 모든 장병은 상호 존중하며 지휘관은 부하 장병의 기본권 보장에 최선을 다해야 한다. 다만 국가 비상 상황 등 일부 불가피한 경우에는 군인복무기본법에 따라 장병 행동의 자유를 제한할 수 있다.

셋째, 군인다운 군인상이다. 군인다움이란 외적 측면과 내적 측면으로 설명할 수 있다. 먼저 외적 측면에서의 군인다움은 군인으로서의 기본자세와 규율을 철저히 준수하는 데서 출발한다. 단정한 용모와 반듯한 복장 착용, 정확한 제식동작과 규정을 준수하는 모습은 국민이 군을 신뢰하게끔 하는 여러 요소 중 하나이다. 제복 입은 군인의 외적 모습은 단순히 개인의 자세를 넘어 육군 전체의 신뢰를 대변하며, 국민에게 믿음을 주는 중요한 실마리가 된다. 이에 더해, 내적인 측면에서의 군인다움은 책임감과 소명 의식에서 비롯된다. 군인은 목숨이 위험한 상황에서도 맡은 임무를 완수하려는 강한 책임감을 지녀야 한다. 또한 군인은 국가로부터 부름을 받았다는 소명 의식으로 군 복무에 임해야 한다. 이 두 가지 마음 자세를 가지고 군 복무를 하는 장교와 그렇지 않은 장교는 쉽게 구분됨을 명심해야 한다. 종합하면, 군인다움이란 외적으로는 규율과 기본을 충실히 지키고, 내적으로는 책임과 헌신의 가치를 실천하는 모습이다. 이 외에도 군인은 강인한 체력, 전문성 등이 요구된다.

국민이 바라는 군인상은 위 세 가지 모습이 조화를 이룰 때 완성된다. 국가와 국민의 수호자로서 국가 위기 상황에 맞서고, 정치적 중립과 인권을 존중하는 민주주의의 파수꾼으로서 인권과 법치를 수호하며, 내·외적 군인다움으로 행동할 때 국민으로부터 무한한 신뢰를 받을 것이다. 이러한 모습은 육군이 표명하고 있는 핵심 가치인 '위국헌신', '책임완수', '상호존중'과도 상통한다.

상관이 바라는 군인상

현실적으로 상관이 부하에게 기대하는 군인상은 책임감이나 사명감과 같은 추상적 가치보다는, 군 조직의 목표나 상관의 임무 달성에 얼마나 실질적으로 기여할 수 있는가에 더 초점이 맞춰져 있다. 군인은 주기적인 근무 평가와 부대 관리 결과로 상급 직위로 진출할 수 있는 능력의 유무를 검증받는다. 이 검증의 주체는 직속상관으로, 상관이 바라는 군인상과 직결된다고 볼 수 있다. 하지만 아무리 직무성과가 높다고 하여 상관은 부하의 성과를 일방적으로 인정하지 않는다. 왜냐하면 그 성과가 본인의 능력보다 부하의 노력을 강요하여 만든 결과물일 수도 있기 때문이다. 이를 정리하면, 상관은 표면적으로 드러난 성과와 더불어 그 성취 과정까지 종합하여 평가한다. 이러한 성과 달성 과정에서 상급자가 바라보는 긍정적 평가 요소는 다음과 같다.

첫째, 회복탄력성이 큰 군인이다. 회복탄력성이란 '역경을 단순히 견디는 것'이 아니라, 이를 통해 '새로운 가능성을 발견하고 성장하는 힘'을 말한다. 특히 군 조직 내에서의 회복탄력성은 군인정신, 전우관계, 긍정적인 사고방식이 결합되어 발휘된다. 이는 일상적 업무부터 위기 상황까지 모든 영역에서 중요한 역할을 한다. 군의 업무 시스템은 과거에 비해 획기적으로 개선되었지만, 위계질서와 상명하복이라는 관행적 업무 환경은 여전히 크게 달라지지 않았다. 이러한 구조 속에서 시련과 고민이 닥쳤을 때 이를 얼마나 인내하며, 더 나아가 위기를 기회로 전환하려는 자세를 보이느냐는 상관에게 깊은 신뢰를 주는 요소가 된다. 이러한 모습은 동료, 부하들에게도 믿고 따를만한 상관으로 강하게 인식된다. 그렇다면 군내 일상에서 빈번히 발생하는 두 가지 사례를 들어 보자.

먼저, 임무 수행 시 목표가 달성되지 않아 상관으로부터 질책을 들었을 경우이다. 이 경우 통상 부하들은 2가지 반응을 보인다. 다수의 경우, 상관 대면을 회피하면서 접촉의 기회를 줄여간다. 결국 상호 신뢰 관계가 형성되지 못하고 좋은 평가를 받지 못한다. 반면, **회복탄력성이 있는 인원은 오히려 부족한 부분을 개선하면서 상관과 접촉의 기회를 넓혀 가고 더욱 깊은 신뢰 관계를 구축한다.** 민간 사회에서는 회복탄력성 증진을 위해 스트레스 관리 기술 습득, 사회적 지지망 강화, 신체적·정신적 건강 유지, 교육 프로그램 이용 등의 방법을 활용한다. 군에서는 이러한 방법들을 활용하기 쉽지 않다. 따라서 본인의 자발적 노력으로 회복탄력성을 성장시켜야 한다. 저자의 활용했던 방법을 설명하면, 먼저 명상을 통해서 긍정적인 모습을 반복적으로 상상한다. 그 이후 부족했던 부분은 최단 시간 내 보완하여 상관에게 보고하되, 같은 실수는 반복하지 않도록 노력했다. 이때 나의 부족한 부분은 주변인과 공유하여 다수가 공감하는 최선의 방안을 찾았고, 그대로 실천했다. 이 방법은 대부분 적중했다. 이렇듯 회복탄력성을 갖기 위해서는 긍정적인 마음가짐과 위기를 기회로 전환하려는 마음 자세가 가장 중요하다.

다음은 부대평가 시 만족스럽지 못한 결과가 나왔을 경우이다. 일부 지휘관은 소속 부대원의 노력이 부족했다 질타하며 그 원인을 그들에게서 찾는다. 반면 회복탄력성이 있는 지휘관은 부하를 질책하기보다는 어떤 분야가 부족했는지를 분석하여 대책을 강구 후 이를 실천한다. 이때 부대원에게는 질책보다는 원인과 대책을 분명히 설명하고 이를 개선함과 동시에 낮아진 사기를 높이기 위해 별도의 노력을 한다.

둘째, 자신의 업무 분야에 전문성을 가지고 상관을 보좌하는 부하이다. 상관 역시 본인 및 부하의 성과를 통해서 1·2단계 직속상관에 의해서 평가받는다. 또한 상급 지휘관이 최선의 방안을 결정하는 데 나의 의견이 반영되기를 바란다. 이때 지휘관이 결정하는 방안은 통상 부하(예하 지휘관, 참모 등)들이 건의한 다양한 대안 중에서 선정되기에 상급 지휘관의 눈높이에 부합하는 방안을 구상하려고 노력한다. 이 과정에서 어느 지휘관이든지 통찰력과 기획 능력을 갖춘 부하를 선호한다.

모든 장교는 대대급 이상 제대의 참모 직위를 의무적으로 이수하며 지휘관 평가를 받는다. 군 복무 기간의 2/3는 참모 직위를 수행한다고 보면 된다. 따라서 지휘관으로부터 인정을 받기 위해서는 근무 제대에서 요구하는 수준의 참모 능력을 구비해야 한다. 특히, **적시 적절한 참모 조언과 기획 능력은 개인 능력을 지휘관에게 입증하는 최고의 수단이다.** 이러한 참모의 전문성은 임관 이후 수행해야 하는 필수·선택직위 이수 간 최선의 노력과 부단한 자기계발을 통해 길러지게 된다.

셋째, 위기관리를 잘하는 부하이다. 종종 부대에서 발생한 사건·사고가 사회적 이슈로 확대되어 부대 운영에 영향을 주는 경우가 발생한다. **이러한 문제들은 주로 장병 안전 관리와 기본권 보장이 미흡한 측면에서 기인한다. 특히, 장병 안전관리 중 인명사고는 부대 사기와 운영에 지대한 영향을 미친다.** 모든 부대 운영이 중단되고 후속 조치에 부대 역량이 집중된다. 따라서 인명사고를 포함한 중대재해 사고를 예방하는 것은 안정적 부대 운영의 최우선 과제이며, 만약 불가피하게 사고가 발생하더라도 적절한 후속 조치가 매우 중요하다. 사고 예방 분야는 법과 규정에 근거한 전문적인 지식과 경험적 노하우가 필요한 분야이다. 그러나 초급장교의 경우 전문적 지식과 경험적 Know-How는 부족하다. 따라서 과거 사고사례 학습과 유경험자의 조언을 통해서 경험적 부족함을 채우고 관련 전문 지식을 학습해야 한다.

다음은 장병 기본권 보장 측면이다. 이 분야는 경험적 요소도 필요하지만, 개인의 관심과 노력만으로도 위기관리는 가능하다. 우선 군인복무기본법, 군 인권 업무 국방부 훈령, 육군 규정 등의 관련 법규를 숙지하고 이와 관련된 위반 사례 위주로 학습하여 병영생활 간 적용하면 된다. 이미 배포된 학습 자료가 있으며, 이해가 어려운 부분은 관련 부서에 문의하면 대부분 해결된다. 최근 빈번하게 발생하는 장병 기본권 위반 사례이다. **먼저 군 장병의 진료권 보장 문제이다.** 군인복무기본법 17즈 의료권의 보장에서 "군인은 건강을 유지하고 복무 중에 발생한 질병이나 부상을 치료하기 위하여 적절하고 효과적인 의료 처우를 받을 수 있다"라고 명시하고 있다. 그러나 일부 초급 지휘관은 병사가 진료를 요청할 때 꾀병이란 이유로 승인하지 않는 경우가 종종 있다. 만약 치료 시기를 놓쳐 심각한 응급상황으로 확대 시 자칫 진료권 미보장 측면을 넘어 소속 부대에서 감당하기 힘든 민원 상황으로 전개된다. 이 경우 국방부 또는 국가인권위원회 차원의 대응이 이루어지기도 한다.

저자도 지휘관 임무 수행 시 다수 겪은 상황이다. 이런 경우 가장 현명한 대처는 "꾀병도 마음의 질병"이라 간주하고 외부 진료를 보장하는 것이다. 다만 유사한 상황이 3~4회 이상 반복되고 복무 기피로 주변 장병들과 공감대가 마련되면 경고 후에 징계 조치를 하면 된다. 한 가지 더 유의할 사항이 있다. 부대 활동 간 부상을 입거나 가볍게 보이는 신체적 이상 징후에도 적극적인 진료 여건을 보장해야 한다. 전문 의료인이 아니면 표면적 증상만으로 그 심각성을 파악할 수 없기 때문이다. 진료권은 과할 정도로 보장해 주어도 문제가 되지 않는다. 오히려 부족하면 문제는 걷잡을 수 없이 확대된다.

또 다른 경우는 병사들의 휴대폰 사용 문제이다. 군은 2021년부터 일과시간 외에 병사의 휴대폰 사용을 전면 허용하였다. 이후 육군 내 병사에 의한 자살 인원은 절반으로 감소하였고 병영 부조리 역시 크게 줄었다. 반면 불법 인터넷 도박을 포함, 휴대폰을 사용한 불법 행위가 크게 늘었다. 또한 부채를 통한 해외 주식 및 가상자산 투자의 실패로 정상적인 군 복무를 저해하는 현상도 발생하고 있다. 이러한 부작용의 확산을 우려하여 몇몇 간부는 일과 외 휴대폰 사용을 제한하거나 개인정보인 개인의 부채 현황을 확인하는 경우가 종종 발생하고 있다. 이러한 경우는 빈대 잡으려다 초가삼간을 다 태우는 격이 될 수 있으므로 매사에 주의해야 한다. 병사의 휴대폰 사용은 규정상 허용된 시간에는 보장하고 반복적 교육과 지도를 통해서 각종 사건을 예방해야 한다. 그래도 위반 시는 양정기준에 의해 징계 조치를 하면 된다.

마지막으로, 철저한 자기관리로 업무의 연속성 유지하는 부하다. 군 조직은 갑자기 결원이 발생하면 민간기업처럼 수시 채용이 쉽지 않아 일정 기간 공석을 유지해야 한다. 군 조직 내 예상치 못한 결원이 발생하는 사유는 몇 가지가 있다. 개인의 건강 문제, 사건·사고로 인한 분리 조치, 개인의 희망 전역 등이 주요 사유에 해당한다. 이런 경우가 발생하면 부서 내 다른 인원이 겸무 보직을 통해 일시적으로 공백을 메꾸지만, 업무 완성도는 현저히 떨어진다.

자기관리는 건강 관리와 법규 준수를 포함한다. 군인은 연 1회 주기적인 신체검사를 통해서 질병 유무를 확인하고 조치한다. 문제는 근무 중 예기치 않은 부상이나 질병을 통한 결원 발생이다. 따라서 항상 부대 활동 전에는 안전성 평가를 통해 사고 발생 원인을 제거, 안전사고에 의한 부상 발생 확률을 최소화해야 한다. 특히 체력단련 시간에 부상자가 주로 발생하므로 사전 준비운동, 운동 간 위험 요소 제거 등의 안전조치를 선행해야 한다. 이 외에도 질병에 의한 결원도 자주는 아니지간 심심치 않게 발생한다. 이 경우는 결원 기간이 길어지는 경우가 많기에 평소 진료 여건 보장을 통해 질병 초기 단계에서 적절한 조치가 필요하다.

신체적 문제에 의한 결원은 일시적인 경우가 많지만 법규를 위반하거나 비윤리적인 행위에 기인한 결원 발생은 장기간이 소요될 뿐만 아니라 부대 사기에도 크게 영향을 미친다. 흔한 사례로 병영 부조리 및 성폭력 사건 발생 시 가해자 직위는 장기간(최소 3개월) 공석을 유지해야 한다. 이는 부대 전·평시 임무 수행에 영향을 미칠 뿐만 아니라 개인의 경력관리에도 치명적인 결과를 가져온다.

부하가 바라는 군인상

저자 역시 누군가의 부하였던 시절이 있었다. 소부대부터 정책부서까지 지휘관 및 참모 직위를 이수하면서 내가 원했던 상관의 모습을 그려 보았다.

또한 각급 제대 지휘관 및 부서장으로 근무하면서 많은 부하들과의 소통을 통해 확인했던 그들이 바라던 상관의 모습을 되돌아 보았다. 이 두 관점을 종합하여 **부하가 바라는 군인상을 정의한다면 ① 위기 시 의지할 수 있는 프로군인, ② 공정과 투명성으로 부대를 지휘하는 지휘관, ③ 권한과 책임을 다하는 상급자이다.** 이 세 가지 상급자 상은 고급장교를 꿈꾸는 독자라면 반드시 목표해야 할 지향점이다. 하나하나 세부적으로 설명하기 전에 손자병법에서는 바람직한 상관의 모습을 어떻게 제시하고 있는지 알아보자.

손자병법 "시계(始計)"편에서 전쟁을 하기 전에 반드시 고려해야 할 요소로 도(道, 전쟁명분), 천(天, 계절), 지(地, 지형), 장(將, 지휘관), 법(法, 규율)을 들고 있다. 특히 **장수(지휘관) 능력과 역할은 군대의 승패를 좌우하는 핵심 요소로 강조하고 있다.** 또한 지휘관이 갖춰야 할 5가지 자질로 지혜(智), 신의(信), 인애(仁), 용기(勇), 엄격함(嚴)을 들고 있다. 먼저 지혜(智)란 전투 환경을 정확히 분석하고, 적의 약점과 아군의 강점을 활용해 최선의 전략을 수립하는 능력을 말한다. 신의(信)는 부하들에게 신뢰를 얻기 위해 언행이 일치하고 공정해야 함을, 인애(仁)는 병사들의 생명을 소중히 여기고, 그들의 복지와 사기를 관리하는 자비로운 마음을 의미한다. 용기(勇)는 위험을 두려워하지 않고 결단력 있게 행동하는 능력이며, 엄격함(嚴)은 규율을 철저히 유지하고 명령 체계를 확립하는 것을 나타낸다. 5가지 덕목 중 엄격함을 제외한 4가지는 부하들이 상급자를 바라보는 관점에서 정의했다고 볼 수 있다. 저자가 앞서 제시한 3가지 상급자상과 비교할 수 있다. 먼저 전문성을 가진 프로 군인은 지혜(智)로, 공정과 투명성을 갖춘 지휘관은 신의(信)로, 권한과 책임을 다하는 상관은 인애(仁)와 용기(勇)로 대변될 수 있다.

먼저 위기 상황 시 의지할 수 있는 프로 군인이다. 국가 위기 상황 시 시행되는 모든 군사작전은 장병들의 생명을 담보로 진행된다. 따라서 부하들은

 군대에서 꿈을 설계하다

당연히 자신의 목숨을 지켜줄 수 있는 군사적 전문성을 가진 리더를 원한다. **필자는 전문성 적용 규모에 따라 작전적 차원의 전문성과 전술적 차원의 전문성으로, 적용 대상에 따라 지휘관(자)으로서 전문성과 부서장으로서 전문성으로 구분한다.**

먼저 작전적 차원과 전술적 차원의 전문성에 대해서 알아보면, 전자는 군사적 판단 수준을 넘어 정치·경제적 영역까지 포함된 전문성을 의미한다. 이는 작전변수(PMESII-PT)를 고려하며 군단급 이상 대부대를 지휘하는 지휘관이 갖추어야 할 전문성으로 정의한다. 여기서 작전변수란 정치(Political), 군사(Military), 경제(Economic), 사회(Social), 정보(Information), 기반 시설(Infrastructure), 물리적 환경(Physical environment), 시간(Time)을 의미한다. 전술적 차원의 전문성이란 전투부대 임무를 수행하는 데 필요한 전문성으로 정의한다. 사단급 이하 제대에 맞는 수준으로 독자들이 임관 후 초급장교로서 임무 수행 시 갖추어야 할 사항들이다. 여기에는 근접전투 수행 및 작전지속 지원 능력, 무기체계 운용 능력, 상황판단 및 결심 능력, 군인정신 등이 포함된다.

다음은 지휘관 및 부서장으로서의 전문성이다. 지휘관으로서의 전문성은 소대장으로부터 영관급 지휘관을 수행하면서 직책별 요구되는 전문성을 의미한다. 먼저 20명 내외를 지휘하는 소대장은 중대장의 명령에 따라 임무를 수행하는 실무적 리더로 개인 전투기술과 분·소대의 전술적 운용에 능숙해야 하며, 체력적으로 병사보다 우월해야 한다. 100여명 이상을 지휘하는 중대장은 대대장의 명령에 따라 전투 현장에서 2~3개 소대를 직접 지휘한다. 중대장은 대대급 이하 전술에 대한 이해는 물론 중대의 자원분배, 상급 부대 지원체계 활용 방법 등을 숙달해야 한다. 영관급 지휘관은 최소의 전술 제대인 대대 및 여단을 지휘한다. 대대장 및 여단장은 다양한 병과와 통합작전을 수행할 수 있는 제병협동전투 수행 능력을 갖추어야 한다. 또한 독립된 주둔지에서 부대를 지휘하므로 시설관리, 안전관리, 병력관리 등 다양한 방면의 전문적 지식을 가져야 한다.

다음은 부서장으로서의 전문성이다. 부서장 직책은 중위 계급부터 부여되며, 대위는 대대급 이상 제대에서, 소령은 주로 여단급 이상 제대에서, 중·대령은 사단급 이상 제대에서 근무한다. 부서장은 부서원들에 대한 관리직이기도 하지만 지휘관을 보좌하는 참모 직위기도 하다. 따라서 참모는 최선의 지휘 조언을 위해 해당 기능에 대한 전문 지식과 현장 감각을 갖도록 노력해야 한다. 또한 관리자 측면에서 부서원들을 통솔할 수 있는 리더십도 갖추어야 한다. 그러나 **무엇보다도 참모가 가장 중요시해야 하는 것은 지휘관과의 소통이다.** 참모의 기획안이 아무리 좋아도 지휘관 의도와 다르면 노력은 허사가 된다. 따라서 어떤 사안을 기획하기 전에는 지휘관과 방향성에 대해 상의하고, 기획안 구체화 단계에서도 핵심 사항에 대해서는 중간보고를 통해 지휘관과 지속 소통해야 한다. 이러한 과정을 통해 기획안은 최종 보고 시 완전성을 갖출 수 있다. 지휘관과 소통의 완전성은 참모의 능력을 평가하는 지표가 되기도 하지만 부서원의 노력이 결실을 보느냐 아니면 시간 낭비가 되느냐의 기로이기도 하다.

둘째, 공정과 투명성으로 부대를 지휘하는 지휘관이다. 요즘 30대 이하 세대의 특징은 공정성과 투명성으로 대표되며, 군 조직의 대위급 이하 장교의 대부분이 이 세대에 속한다. 이들은 주로 디지털 기기를 이용한 실시간대 의사소통을 통해 정보를 공유하며 수평적 리더십을 중시한다. 먼저 공정성은 '성과에 기반한 보상의 형평성'을 의미한다. 불필요한 특혜나 불투명한 평가 시스템을 거부하며, 자신의 노력이 정당하게 평가받기를 원한다. 필자 세대는 '연공서열 중심의 평가'나 '가급적 평등 분배'의 기조가 강했다면, 요즘 세대는 '성과에 근거한 형평성'을 중시한다.

　　　　　　　　　　　　　　군대에서 꿈을 설계하다

그 예로 현 젊은 세대는 업무시간에 근거한 일률적 근로 보상을 받는 것보다, 성과에 따라 차등 보상을 받는 것을 더 공정하다고 생각한다. 또한 출신 학교, 성별, 연령 등 편견 요소를 배제하고 오직 역량만으로 평가받기를 원한다. 하지만 군대는 공무원 급여체계 따라 호봉에 따른 봉급이 일괄 지급된다. 다만, 매년 성과상여금(3월)이 연 단위 업무성과 평가에 근거하여 차등 지급된다. 최고지급액은 계급별 기준액(**평균 호봉**)의 140%를, 최저지급액은 80%를 지급한다. 계급이 올라감에 따라 지급액 차이가 커지므로 지휘관은 성과상여금 평가가 공정하게 이루어지도록 확인해야 한다. 또한 표창 수여도 나눠 먹기식이 아닌 실제로 부대에 기여한 인원이 선발되도록 선발 과정에 공정성을 기울여야 한다.

다음은 업무처리 과정의 투명성이다. 이해를 돕기 위해 과업 지시 과정과 병영 부조리 처리 과정을 예로 들어 설명하겠다. **먼저 부대원에게 과업 부여 시 지시 사항 전달 과정에서 그 배경을 명확하게 설명할 필요성이 있다.** 여기에 더해 세부 시행 방안 결정 시 부하들의 의견을 수렴하면 더욱 좋다. 만약 부대 운영의 변경이 필요할 경우는 최대한 사전 예고가 필요하다. 부하들도 휴가 등의 시간활용 계획을 수립해 놓았기 때문이다. 더욱이 갑작스럽고 무조건적인 지시는 부하들에게 과업 이행을 위한 준비시간을 촉박하게 한다. 그 결과 임무 수행의 완전성은 저해되고 수행 동기 부족에 따른 업무 효율성도 떨어지게 된다.

또 다른 사례로 부대 내에서 병영 부조리가 확인되었을 경우이다. 이때는 신고를 접수함과 동시에 지체 없이 관련 절차에 의해 후속 조치를 해야 한다. 적시적이지 않거나 적법하지 못한 조치는 지휘계선 상에 있는 간부들을 큰 곤란에 빠뜨릴 수 있기 때문이다. 특히 이 사례에 있어서는 제보자의 비밀 보장과 후속 조치 측면에서 문제가 발생하는 경우가 많다. 먼저 어떠한 경우든 제보자의 신분은 철저히 비밀을 보장받아야 하나 부대 자체 후속 조치 과정에서 직·간접적으로 제보자 신분이 유추될 수 있는 단서를 제공하는 경우가 있다. 또한 부대가 자체적으로 조사를 하는 경우 전문성 부족에 따른 절차 상의 문제가 종종 발생한다. 따라서 병영 부조리가 발생하면 우선적으로 군사경찰 등 전문 수사기관에 조사를 의뢰해야 한다. 이 밖에도 소수의 사례이지만 중·소대장이 근무 평가 시 부대 관리 미흡 사항이 반영될 것을 우려해 사건 발생 사실을 감추는 사례도 발생한다. 다행히 최근에는 인권 침해나 불공정 사례를 신고할 수 있는 군내 모바일 앱**(소통 공감 앱)**이나 지휘관이 개설한 오픈 채팅방을 통해 익명으로 장병들이 고충을 제보하면, 신속한 조치가 이루어지고 있다.

셋째, 권한과 책임을 다하는 상급자이다. 권한(權限, Authority)이란 특정 직위나 역할에 따라 부여된 의사결정 및 실행의 권리로서 결정권, 집행권, 감독권 등이 이에 포함된다. 결정권이란 정책을 수립하거나 방향을 정하는 권한이고 집행권은 결정된 사항을 실제로 수행하는 권한을, 감독권은 업무 진행 상황을 확인하고 조정하는 권한을 의미한다. 이에 반해 책임(責任, Responsibility)은 권한 행사의 결과에 대해 법적·도덕적·업무적 의무를 다해야 하는 것을 말한다. 여기서 법적 책임은 법령 위반 시 처벌받는 책임을, 업무적 책임은 직무 수행 실패 시 조직 내에서 받는 책임을 의미한다. 즉, 권한 행사는 의사결정부터 실행까지 상급자의 주관적 의지가 담긴 단계이고, 책임 행사는 실행 이후 결과에 대한 외부 평가가 반영된 단계이다. 따라서 어느 상급자나 권한 행사까지는 별다른 문제 없이 진행한다. 그러나 외부 평가 결과에 책임지는 모습은 상급자의 성향에 따라 차이가 크다.

우리의 생각과는 달리, 역사적 사례에서 실패한 작전을 책임지는 지휘관은 찾아보기 힘들다. 나폴레옹은 러시아 원정 실패(1812) 후 철수 명령을 내렸으나, 병사들은 혹한과 보급 부족으로 대규모 피해를 보았다. 나폴레옹은

　　　　　　　　　　　　　　　　　군대에서 꿈을 설계하다

실패 원인을 날씨와 러시아군의 유격전으로 돌리며 책임을 회피했고, 본국으로 돌아간 후에도 패배를 인정하지 않았다. 이 사례는 지휘관이 임무 실패후 책임을 지지 않은 전형적인 예시로 꼽힌다. 물론 책임의 대가가 큰 전시 상황임을 고려하지 않을 수 없다. 그래도 부하의 생명을 책임지는 군인에게 있어서 작전에 대한 실패에 책임지는 모습이 없는 것은 지휘관으로서의 자격이 부족하다고 생각한다. 전시야 그렇다 치더라도 평시에 부대 운영의 어려움을 부하들에게 전가하는 지휘관이 있다. 이는 정말 지휘관의 자격이 없는 군인이다. 다행히도 대부분의 상급자는 어떠한 결과가 나오더라도 이에 대한 책임을 부하에게 전가하지 않고 자신이 다하려 한다.

저자의 당부, '군인이 꼭 지켜야 할 것들'

앞서 국민과 상관, 부하들이 기대하는 군인의 모습은 저자의 경험을 바탕으로 삼인칭 관점에서 제시한 것이다. 여기서는 저자가 34년간의 군생활 속에서 체득하고 지켜온 군인으로서의 견지해야 할 주관적 신념과 입장을 독자와 공유하고자 한다.

먼저 헌법적 가치의 민주주의를 수호하기 위해 정치적 중립을 준수하고 장병들의 기본권을 보장해 주어야 한다. 당연히 군인이 지켜야 할 의무적 행위이다. 정치적 중립을 통해 민주주의 이념을 수호하는 것은 가장 숭고하고 군인의 가치가 부각되는 행동이다. 군인이 전역 후에 정치적 신념에 따라 정치에 직접 참여하는 것은 국민의 권리로서 문제가 없다. 하지만 군 복무 간에

사사로운 이득을 위해 정치의 부속물이 되는 것은 국민이 용납하지 못한다. 저자는 과거 군인의 정치 참여가 국가에 어떠한 긍정적 영향을 주었는지는 분명하지 않지만, 국민을 위한 서비스맨이 아니라 국민 위에 군림하려는 의도와 행위는 지금까지도 부정적 영향을 미치고 있다고 본다.

저자가 소령 시절에 미국에서 5개월간의 군사교육을 받은 적이 있다. 누구나 다 아는 사실이지만 미국 국민은 미군을 항상 최고의 예우로 존중해 준다. 필자는 미국인이 아님에도 불구하고 태극기가 부착된 전투복을 입고 외출을 하면 상상치 못했던 일들이 벌어졌다. 저자는 종종 퇴근 시에 월마트에 가서 장을 보았다. 거의 매 방문 시마다 많은 분들이 말을 걸어 주시고 어떤 미국인은 물건값을 대신 지불해 주려고도 했다. 특히, 한국전에 참가했던 퇴역 군인이나 그 가족들을 만나면 5분은 보통이었고 그 이상의 시간 동안 깊은 친밀함을 보여주었다.

한번은 플로리다주에 있는 씨월드를 방문했을 때의 일이다. 씨월드는 미국의 대표적인 해양 놀이공원으로 미국인이면 누구나 한번은 가보고 싶어 하는 장소이다. 개인당 100불에 해당하는 입장료가 군인은 물론, 군인 가족까지도 무료였다. 심지어 대한민국 군인인 필자와 그 가족까지도… 이것은 아무것도 아니었다. 씨월드에는 샤무 쇼라는 전 세계적으로 유명한 범고래 쇼가 있다. 범고래가 조련사까지도 공격해서 사망에 이르게 해 언론에 보도된 적이 있어 더욱 유명하다. 쇼의 입장객은 어림짐작만 해도 5천여 명이 넘었다. 쇼가 시작되기 전에 진행자가 군인, 예비군, 해안경비대, 소방관은 자리에서 일어나라는 멘트를 했다. 이어서 큰 박수와 함께 격려의 함성이 1분 이상 지속되었는데 가히 경이로운 수준이었다. 필자는 물론이고 우리 가족에게도 매우 큰 감동이었다. 그것만이 아니었다. 쇼가 종료되자 저자를 포함해 극소수의 인원들만 특별 이벤트로 조련사와 범고래를 배경으로 사진 찍을 기회도 주었다. 그야말로 인생 최고의 순간을 대한민국이 아닌 미국에서 경험했다.

 군대에서 꿈을 설계하다

국가와 국민을 위한 헌신의 모습으로만 각인된 미군이 매우 부러웠다.

정치적 중립과 더불어 장병들의 인권 보장은 지휘관이 항시 신경 써야 하는 부분이다. 필자도 20대 두 자식을 가진 부모의 입장이 되어보니 의무 복무하는 장병들의 인권 보장이 얼마나 중요한 것인지를 더욱 느끼고 있다. 헌법 10조에 "모든 국민은 인간으로서의 존엄과 가치를 가지며, ~ 중략 ~, 국가는 개인이 가지는 불가침의 개인적 인권을 확인하고 이를 보장할 의무를 진다"라고 명시되어 있다. 기본권의 핵심은 인간으로서 존엄과 가치를 타인으로부터 존중받는 것이다.

특히, 군은 방대한 국가 조직 중 가장 중심에 있는 조직으로 헌법에서 정하는 인권과 기본권을 준수하는 것은 최고의 사명이자 임무로 인식해 왔다. 이러한 기조하에 군은 환골탈태 수준의 변화를 이루어 왔으며, 현재도 끊임없이 노력 중이다. 하지만 최근에는 언젠가 사라졌던 일부 병영 부조리가 다시 자행되어 인권을 잠식하는 경우가 늘고 있다. 과거 잘못된 군대문화가 최근 드라마를 통해서 재연되다 보니 병사들이 이를 모방하는 것이다. 장교들은 이러한 시대적 흐름에 민감해야 한다. **대중매체가 병영문화에 어떻게 영향을 미치는지 항상 모니터링을 해야 한다. 이 외에도 장병 인권에는 사생활 및 종교의 자유, 의료권, 휴식권, 휴가권, 평등권 등 다양한 권리가 포함된다.** 장교는 장병의 인권을 보장할 책임이 있으며, 인권 침해 발생 시 적극적인 권리구제 노력을 해야 한다.

둘째, 부하들의 안전과 생명을 지켜주는 것이다. 현재 여러분이 접하거나 앞으로 접하게 될 모든 장병은 누군가의 아들이나 딸이다. 부모 입장에서는 그 무엇과 바꿀 수 없는 소중한 존재들이다. 장병들이 생명을 잃거나 심각한 재해를 입어 평생 그 짐을 짊어지고 간다면, 그 가족을 포함한 주변인은 평생 군을 원망하며 불신할 것이다. 또한 누군가의 소중한 부하로, 누군가의 소중한 전우로서 함께 해온 장병들에게 이러한 사고는 잊기 힘든 트라우마로 남을 것이다. 우리 군도 심각성을 인식하고 과거에는 비교할 수 없을 정도의 노력을 하고 있다. 이러한 노력의 결과로 2025년 인명사고는 10년 전 대비 절반 수준으로 감소하였다. 그럼에도 안타까운 인명사고는 매년 지속되고 있다. 이는 장병 사기와 부대 운영에도 절대적인 영향을 미친다. 즉, 인명사고가 발생하면 계획된 교육훈련, 정상적 출퇴근 등 일상적인 부대 운영은 어렵다. 또한 사고 관련자를 포함한 모든 부대원의 일상생활에도 영향을 미친다. 따라서 **어떠한 수단과 방법을 통해서라도 장병들의 인명사고와 중대재해 사고는 반드시 예방해야 한다.**

셋째, 부하의 행복한 삶을 지켜주는 것이다. 저자의 경험상 군인의 행복은 부대 생활에 대한 만족도, 가족애, 자기계발의 기회, 그리고 안정된 노후 보장에서 비롯된다.

먼저, 부대 생활에 대한 만족도를 높이기 위한 핵심은 간부들이 출근하고 싶어지는 부대를 만드는 것이다. 긴장도가 높은 부대의 경우 군기는 엄중할지 모르나 자발적 업무수행이 부족하고 성취 만족도도 낮다. 따라서 소속 간부들에게 근무 동기를 제공해 스스로 업무에 열중할 수 있는 여건을 만들어 줘야 한다. 이를 위해 필자는 간부 개별적으로는 업무 성취 정도에 따른 개인 포상과 칭찬을, 부서 차원에서는 업무성과에 따른 포상 이외에도 다양한 경쟁 이벤트(운동, 사진 콘테스트 등)를 진행하였다. 그리고 부대 차원에서는 그동안 경험해 보지 못했던 가족 동반 특별행사, 다양한 계층별 공관 격려행사, 이색적인 성과분석 회의 등을 통해 기존과는 차별화된 경험적 보상을 제공하였다.

가족애(家族愛)는 직업군인의 복무를 지탱하는 핵심적인 원동력이다. 군인은 가족이 있기에 고되고 어려운 환경과 시간을 묵묵히 견디며 살아간다. 특히 장교는 1~2년을 주기로 보직을 변경해 이사가 빈번하다. 다행히 최근

　　　　　　　　　　　　　　　　　　　　　　　군대에서 꿈을 설계하다

전방 지역은 부대별 관사가 아닌 통합 주거타운을 형성하여 주거 만족도가 많이 향상되었다. 대부분 신축 아파트로 결혼 간부를 기준으로 최소 27평형이 제공되고 있다. 그래도 타 직업군보다 이사 빈도가 매우 높아 항상 어려움을 호소하고 있다. 이러한 상황에서 가족이 받는 스트레스는 매우 심하다. 아내는 형성해 온 인적 네트워크와 생활 기반을 옮겨야 하고, 자녀들 역시 전학을 해야 하는 상황에 놓이게 된다. 따라서 지휘관은 부하의 근무 환경과 생활 여건을 충분히 고려하여, 업무시간 외에는 가족과 함께 시간을 보낼 수 있도록 최소한의 여건을 보장해 주어야 한다.

이와 더불어 자기계발 기회를 부여해 주어야 한다. 자기계발은 직업군인으로서의 전문성을 향상하는 동시에 개인의 성취감과 직업 만족도를 높이는 중요한 요소이다. 계급이 상향될수록 요구되는 업무 수준 역시 높아진다. 따라서 자기계발을 통해 한 단계 높은 업무수행 능력과 변화하는 군사 환경에 대한 적응력을 갖출 수 있도록 기회를 부여해야 한다. 이는 곧 조직 전체의 전투력과 전문성 강화로 이어진다. 따라서 대위급 이상 지휘관 및 부서장이 되면 소속 간부들에게 업무역량 향상을 위한 교육 기회를 보장하고, 학위 과정 이수, 체력 증진 프로그램, 어학 교육 등 다양한 분야에서 자기계발을 실현할 수 있는 여건을 보장해야 한다.

마지막으로 안정된 노후 준비를 위한 여건 보장이다. 지휘관이 소속 부대원의 노후를 직접적으로 준비해 주는 데어는 분명한 한계가 있다. 하지만 장기복무 군인이 가진 제도적 장점 중 하나인 군인연금을 노후에 문제없이 수급할 수 있도록 관리를 해주는 것은 상관이 충분히 할 수 있는 영역이다. 군인연금은 단순한 급여의 연장이 아니라, 안정된 노후를 보장하는 최소한의 안전망이라 할 수 있다. 따라서 전역 후 연금 수급에 불이익이 발생하지 않도록 군 복무 간 법과 규정을 준수하는 건전한 복무 자세를 유지하도록 관리를 해줘야 한다. 특히 군 복무 중 중징계인 해임이나 파면 처분을 받을 경우, 연금 수령액이 최대 절반까지 감액될 수 있다. 또한, 전역 이후라 하더라도 군 복무 중 발생한 사건으로 인해 금고 이상의 형사처분을 받는 경우 연금이 삭감되는 불이익을 받게 된다. 이러한 점에서 지휘관은 부하 간부들이 불필요한 비위나 사고에 연루되지 않도록 예방 중심의 지도를 해야 한다. 이 외에도 불법 도박이나 무분별한 재테크로 개인 파산을 방지하고, 저축과 건전한 재테크를 일상화하는 경제 습관을 형성할 수 있도록 관심을 기울여야 한다.

   군대에서 꿈을 설계하다

군인도 다양한 목표로 꿈을 키운다

본론으로 들어가기 전에

　군인의 삶은 흔히 생과 사, 희생과 봉사, 상명하복으로 그려지지만, 그 안에는 각자의 다양한 꿈과 목표가 겹쳐 있다. 어떤 이는 야전부대의 고급 지휘관으로, 어떤 이는 군사전문가로서의 꿈을 키우고 있다. 전자는 전장의 지휘관으로서 국가의 안위는 물론이고 부하의 생명과 안전을 책임지는 무게를 감당하려 한다. 또한 전략적 사고와 신속한 판단력으로 위기에 맞서며, 전투 현장에서 팀워크와 전투기술로 반드시 승리하는 목표를 추구한다. 한편, 군사전문가는 국방정책, 획득정책, 연구개발, AI 등 첨단 기술 분야에서 전문가로서 활약을 꿈꾸는 군인이다.

　현대전의 양상이 급속도로 변화함에 따라, 전투 현장은 전통적인 근접전 중심의 구조를 벗어나 첨단 기술이 융합된 다차원적 영역으로 확대되고 있다. AI 분야가 전장의 핵심으로 연구되고 있으며, 우주 영역까지 전쟁 패러다임이 확대되고 있다. **독자들은 이러한 미래 육군의 모습을 이해하고 개인의 관심과 장점을 살려서 병과 선택, 장기복무 결정, 전문 분야 선택 등의 순차적 의사결정을 해야 한다.** 필자는 위 의사결정 단계마다 반드시 고려해야 할 사항을 제시해 독자들이 적성과 목표에 맞는 최적의 진로를 설계할 수 있도록 안내하고자 한다.

미래 육군의 모습은?

　현재 20대의 젊은 장교가 중견간부가 될 시점인 20년 후 육군의 모습은 어떻게 변해 있을까? 현재 육군과 미래 육군의 모습은 상전벽해라고 할 만큼 현격한 차이를 보일 것이다.

　먼저 군 구조는 병역자원 급감에 따라 병력 절약형 부대로 변화되어 있을 것이다. 유무인 복합형 부대구조로 병력은 줄지만, 그 공백을 드론, 로봇이 중심이 된 무기체계로 보강되어 임무 수행을 위한 완전성은 향상될 것이다. 또한 작전지속 분야에는 민간기업이 확대 진출할 것이며, 위병소 경계, 부대관리 등의 비전투 임무 수행 역시 민간 영역으로 이전될 것이다. 이 외에도 예비전력의 중요성은 더욱 부각 될 것이다. 현재도 상비 예비군 비율을 점차적 늘여가고 있으며, 2040년이 되면 평시 부족 병력의 상당 부분을 이들이 채울 것이다.

　또한 앞서 언급했지만, 유인 중심의 전투체계에서 무인 전투체계가 중심이 되는 유무인 복합전투체계가 구축될 것이다. 즉, AI, 드론, 로봇이 중심이 되는 무기체계로 전장기능은 재편될 것이며 이를 운용하는 사용자의 능력이 전투의 승패를 가르게 될 것이다. 이러한 무인 전투체계는 우주 영역과 결합이 되어 그동안은 없었던 새로운 전장이 탄생할 것이다. 그동안은 제공권이 전쟁의 승패를 가르는 수단이었다던 앞으로는 우주 영역을 장악하는 쪽이 승리를 담보 받을 것이다. 이러한 예상에 기반해 육군은 2040년까지 AI 기반의 유무인 복합전투체계 완성을 목표로 달려가고 있다.

　통신 영역도 비약적으로 발전할 것이다. 현재는 기지국 개념의 노드**(중계거점)**를 격자식으로 설치하여 군사 통신망을 유무선으로 구축하고 있다. 과거 유선망 위주 통신체계보다는 비약적으로 발전했지만, AI 기반의 대용량 데이터를 취급하기에는 한계가 분명하다. 이에 육군은 5G 기반의 지상, 공중, 우주를 연결하는 초연결 네트워크 체계를 2035년 이전에 도입을 목표로 개발하고 있다.

마지막으로, AI 기반의 전투체계는 저비용, 고효율의 무기체계 사용 효과를 극대화할 것이다. 최적의 시기와 장소에 최적의 무기체계를 사용하기 위한 다양한 데이터 기반의 정보 수집 망이 구축될 것이고 인공지능은 실시간대 최상의 표적정보를 제공하여 성공적인 타격을 보장할 것이다. 육군에도 2024년도 인공지능센터가 설립되어 향후 본격적인 역할을 준비하고 있다. 현재 정부가 주도하여 AI 3대 강국 도약을 위한 AI 대전환을 추진하고 있다. 육군 또한 이러한 변화에 발맞추어 관련 조직을 더욱 확대하고, 전문인력 양성에 한층 더 박차를 가하고 있다.

나에게 적합한 병과는?

병과는 군인사법에 의거 기본병과와 특수병과로 구분된다. 기본병과에는 보병, 포병, 기갑, 정보, 공병, 통신, 방공, 항공 등 17개 병과가, 특수병과에는 군의, 치의, 수의, 의정, 간호, 법무, 군종이 포함된다. 육군 규정에는 군인사법에 근거하여 기본병과를 전투병과 8개(**보병, 포병, 기갑, 정보, 공병, 통신, 방공, 항공**)와 기술병과 5개(**병기, 병참, 화학, 수송, 군수**), 행정병과 4개(**인사, 군사경찰, 재정, 정훈**)로 세부 구분한다.

  군대에서 꿈을 설계하다

장교라면 누구나 임관하기 전에 개인의 희망과 적성 등을 고려하여 병과를 선택한다. 임관과 동시 병과는 확정되고 개인의 진로도 이에 따라 일정 부분 결정된다. 따라서 개인은 군사전문가(전문인력)로 진로 희망 여부, 개인 적성 및 전공 분야, 전역 후 희망 진로 등을 종합적으로 고려해서 병과를 신중히 선택해야 한다. 특히 전문인력으로의 진로 희망 시에는 병과 선택이 큰 영향을 미치므로 반드시 고려해야 한다. 이와 관련해서는 뒤에서 구체적으로 설명하겠다. 이 외에도 개인 적성 및 전공 분야, 전역 후 희망 진로 역시 군 복무 전반에 걸쳐 복무 의욕에 영향을 미치므로 병과 선택 시 충분히 고려해야 한다.

저자가 생각하는 병과 선택 시 고려해야 할 첫 번째 우선순위는 군사전문가(전문인력)로서의 진로를 희망하는지 여부이다. 육군 장교의 인재관리 유형은 일반형 장교와 전문인력으로 구분한다. 전자는 계급별로 지정된 지휘관, 참모 직위를 필수로 이수하며 경력을 관리한다. 반면에 후자의 경우 지휘관 직위는 대부분 미이수하고 국내외 석·박사 위탁교육 후 별도 전문성 직위 위주로 경력관리를 한다. 전문인력은 크게 5개 유형으로 분류되며 이중 정책 전문인력은 항공병과를 제외한 7개 전투병과 장교만 지원 대상이다. 이외 국제 전문인력, 특수 전문인력(**교수, 연구개발, 사이버 등**), 기술기능 전문인력(**정보전문, 방첩, 시설 등**), 획득 전문인력은 모든 병과에서 지원 가능하다.

둘째, 개인의 적성과 대학교 전공 분야를 함께 고려하는 것이 바람직하다. 저자는 편의상 개인의 적성을 리더형과 연구형으로 구분하고자 한다. 리더형은 외향적인 성격과 리더십을 바탕으로 조직을 이끌고, 구성원들과의 협업을 즐기는 유형이다. 이러한 성향을 가진 인원에게는 전투병과 및 기술병과가 적합하다고 판단된다. 반면에 대학 전공 등과 연계된 전문 업무 분야를 선호하고 연구 및 학업성취도에 관심이 많은 인원은 전문인력으로 진출을 위한 기본병과나 행정병과를 선택함이 적절할 것이다. 소수의 경우이긴 하지만 군법무관이나 군의관을 희망하는 인원은 기본병과 선택 후 위탁교육을 통해 특수병과로 전과할 수 있다.

셋째, 전역 후 개인 희망 진로를 고려하면 더욱 좋다. 물론 현 시점에서 전역 후 진로를 생각해 보는 것이 쉽지 않지만, 군 경력과 연계해서 어떤 직업을 가질지 한번은 생각해 볼만하다. 물론 군 최고 계급까지 진급도 가능하겠지만 육군의 피라미드형 계급구조에서 소령 이상 계급부터의 경쟁 구도는 치열하여 언제 군문을 떠날지 모르기 때문이다. 참고로 예비역이 선택하는 전역 후 진로는 매우 다양하다. 대표적으로 군내 예비역 활용 직위, 민간 대학교수 및 특성화고 교사, 방위산업체 경력 채용, 민간기업 채용, 창업 및 귀농 등이 있다. **이 중에서 병과를 고려해야 할 분야는 정부 활용 직위와 방산업체에 취업을 하려는 경우이다.** 정부 활용 직위 중 행안부에서 선발하는 민간기업 비상대비 업무담당자(비상기획관)는 기본 전투병과 8개만이 응시 가능하다. 또한 국방부에서 선발하는 예비전력 관리담당자(직장 중·대·연대장, 동·면대장 등)는 기본 전투병과 8개와 일부 행정병과(인사, 재정, 정훈)를 제외한 기술·행정병과 인원이 응시할 수 있다. 방위산업체 취업의 경우 장비와 물자를 다루는 병과(포병, 기갑, 공병, 통신, 병기, 병참, 화학, 수송 등) 출신 예비역 장교가 경력 채용에 유리하다. 물론 개인의 역량과 능력에 따라서 그 외 병과 인원들도 취업은 가능하다.

군 복무를 일정 기간 하게 되면 병과를 전환할 기회가 주어진다. 그렇다고 모든 병과로 전환이 가능한 것은 아니다. 전투병과 장교는 소령 진급 시 군수병과로 병과 전환이 가능하다. 그 외 전과가 가능한 병과 및 인원수는 매년 인력 운영 수준을 판단하여 결정하고 육군 공지를 통해서 절차가 진행된다.

 군대에서 꿈을 설계하다

장기복무 선발을 통한 직업군인으로

장교 양성 과정별로 장기복무를 확정 짓는 시기는 다르다. 육군사관학교 졸업생의 경우 임관과 동시에 장기복무가 결정되어 10년간의 의무복무기간이 부여된다. 반면에, 육사 장교 외의 초급장교는 임관 2~3년 차, 5년 차 이후부터 연 단위 육군본부 계획에 의거 선발된다. 임관 후 2~3년 차 인원을 80% 내외로, 5년 차 이상은 20% 수준으로 선발한다. 근무 연차가 더해질수록 장기복무 선발은 점점 어려워진다. 장기복무 전체 지원율은 최근 2:1 수준을 유지하고 있다.

평가 요소로는 근무평정, 교육성적, 상훈, 체력 검정, 부대추천 및 평가, 면접 등이다. 장기복무를 희망하는 장교 후보생 및 초급장교는 평가 요소별로 전략적인 준비가 필요하다. 장기복무를 희망하는 인원은 대부분 근무 자세가 우수하고 체력은 기본으로 갖춰져 있다. **변별요소로는 부대 평가 및 추천 서열, 근무평정, 교육성적, 면접 평가, 잠재역량 분야다.** 부대 평가 및 추천 서열은 상대평가 방식으로 이루어지며, 점수 배점 비중이 가장 높은 평가 요소이다. 따라서 다른 어떤 평가 요소보다도 우수한 평가를 받는 것이 중요하다. 보병의 경우, 일반적으로 대령급 여단장에 의해 부대추천 서열이 부여된다. 보병을 제외한 대부분 병과는 장성급 사·여단장이 부대 서열을 추천한다. 따라서 장기복무 희망자는 소속 부대 경쟁집단 내 대상자들과 선의의 경쟁을 통해 우위를 점해야 한다. 지금은 과거처럼 학연이나 지연이 평가에 영향을 미치는 환경을 기대하기 어렵다.

병과학교 교육성적은 개인의 성실도를 평가할 수 있는 매우 객관적인 지표로 우수한 성적을 받는 것은 필수적이다. 면접은 토론 주제를 사전에 부여하여 10명 이하 집단 토론하는 방식으로 진행된다. 이때 면접관은 국가관, 사회성, 이해력 등을 종합적으로 평가한다. 이를 준비하는 방법으로, 평상시 구술능력 향상을 위해 '30초 스피치' 등 평소 자신의 의견을 피력하는 연습을 하면 많은 도움이 된다. 구술능력과 더불어 과거 전쟁사, 최근 군사 사례, 군 관련 미담 사례 등을 포함한 본인만의 답변을 구상하고 이를 신념화하면 더욱 좋을 것이다.

끝으로, 개인의 잠재역량 평가 부분이다. 장기복무자 선발 시 잠재역량 평가는 자격 보유 개수에 따라서 등급 평가를 받는다. 자격이 3개 이상이면 A등급으로 최고 점수를, 2개는 B등급을, 없으면 최하 점수를 받는다. 자격 종류에는 어학 자격증, 직무 수행 분야 자격증(예 : **정보 기술자격(ITQ), 한국사능력검정시험 등)**, 장성급 부대장 표창, 경계 작전 부대 근무 경력이 해당한다. 자격 요소 중 장교 양성 과정이나 임관 후 1년 차에 준비할 수 있는 요소들도 있으므로 미리 준비하면 유리하다.

지휘관의 길,
군사전문가의 길,
당신의 선택은?

지휘관 직위를 중심으로 경력을 쌓아가는 일반형 장교의 진로와 특정 분야에 대한 전문성으로 국방정책 결정에 기여하는 군사전문가**(전문인력)**의 진

로는 많은 차이가 있다. **복무 환경, 군인으로서의 성취감, 책임의 한계, 경력 관리 방법 등등...**

복무 환경이란 군인의 직무 수행과 관련된 제반 근무 여건을 의미한다. 이는 수행 업무, 부대의 입지적 특성, 자기계발을 위한 환경 여건, 그리고 주거·교통·의료·교육 등 생활 전반을 뒷받침하는 생활 인프라를 포함하는 개념이다. 복무 환경은 군 복무 동기부여뿐만 아니라 가족의 행복지수에도 많은 영향을 끼친다.

일반형 장교는 교육훈련을 통해 부대의 전투준비태세를 유지하고, 평시에는 부대 관리 업무를 주로 수행한다. 이러한 임무 특성상 근무지는 주로 야전부대가 되며, 야전부대는 대부분 읍면동 단위의 행정구역에 위치해 있다. 이와 다르게 전문인력은 정책부서 및 특정 업무 수행 부대에서 근무하면서 국방정책 수립 및 방위력 개선, 특정 업무를 수행한다. 정책부서의 대부분은 교통이 편리한 도심지 주변에 위치하기에 주거·교통·의료·교육 등 다양한 생활 편의를 이용할 수 있다. 그렇다고 일반형 장교의 모든 근무지가 비도심지는 아니다. 필수직위인 야전부대 지휘관 및 참모 직위를 이수 후에는 통상 정책부서 근무를 하게 된다. 또한 일부 부대는 수도권에 위치하여 도심 생활권에서 근무하기도 한다.

군인으로서 느끼는 성취감의 방식은 가인에 따라 다르게 나타난다. **누구는 계급의 상승에서 성취를 느끼고, 누구는 자신의 업무가 조직과 정책에 미치는 영향력에서 보람을 찾는다.** 그러나 저자의 경력 상담 경험에 비추어 볼 때, 대체로 진급을 통해 가장 분명한 성취감을 느낀다. 이러한 측면에 볼 때 일반형 장교가 느끼는 보람과 성취감은 전문인력에 비해 상대적으로 높다. 일반형 장교는 대부분의 병과에서 장군까지 진급할 수 있다. 반면 다수 전문인력 장교의 경우 대령 진급이 그 한계라 보면 된다. 물론 장군 진급자가 나오기는 하지만 소수이고 중장 이상의 계급은 현실적으로 어렵다. 대부분 전문인력의 계급적 한계가 대령이다 보니 통상 정책부서의 과장까지가 최상위 직책이 된다. 반면에 일반형 장교는 장군으로 승진 시 정책부서의 부서장, 더 나아가 조직의 최종 의사결정권자까지 올라 전문인력을 통제하게 된다. 또한 소대장, 중대장, 대대장, 여단장, 사단장, 군단장으로 이어지며 지휘 제대가 단계적으로 확장되는 과정은 군인에게 매우 큰 성취감을 준다. 또한 나의 의지와 영향력이 소부대부터 대규모 부대까지 미치며 부대 전체가 하나의 방향으로 나아가는 모습은 군인으로서 큰 희열을 느끼게 한다.

다음은 책임의 한계 측면이다. 일반형 장교는 지휘관 임무 수행 시 부하를 통솔하기 위한 권한과 책임을 부여받는다. 사실 대부분의 장교가 대대장까지는 부여되는 권한보다 문제 발생 시 책임이 크다고 생각한다. 다양한 성향을 가진 400여 명의 부대원을 하나로 단결시키며 인명사고 없이 임무를 완수해야 하는 부담감은 매우 크다. 반면에 전문인력의 경우 대부분 정책분야의 특화된 업무를 수행하므로, 개인의 성실성과 능력에 따른 개인 책임제 성격이 크다. 또 다른 차원의 부담감이라 할 수 있다. 저자도 국방부 인사복지실 총괄과장 재직 시 정책 결정에 따른 책임의 무게감을 실감했다. 정리하면, **일반형 장교와 전문인력의 책임의 한계와 무게는 그 대상의 차이일 뿐 대등소이하다.**

끝으로, 경력관리 측면이다. **일반형 장교와 전문인력의 차이는 필수직위 이수 여부와 석·박사 학위 취득 여부에 있다.** 일반형 장교는 계급별 지휘관 직위와 참모 직위 2~3개를 의무적으로 이수해야 한다. 이를 통해서 상위계급 진출 능력을 배양하고 진급심사 요소 중 경력관리 부분을 충족시킨다. 반면에 전문인력은 계급·병과 별 필수직위 이수가 의무 사항이 아니며, 해 분야에서 전문성을 갖도록 관련 직위에서 장기·반복 보직한다. 다음은 학위 취득 측면이다. 전문인력은 석·박사 위탁교육 선발 과정에서 예비 임명과 확정 임명이 되는 만큼, 학위 취득 여부는 매우 중요하다. 또한 진급심사 시 잠재역량 및 경력평가 요소로 반영되니 그 중요성은 더 말할 것도 없다. 반면에 일반형 장교는 상황이 좀 다르다. 이들은 주간 위탁교육이나 개인적으로 야간 학업을 통해서 석사학위를 대부분 취득하지만 상위 계급 진출 시 비중있는 요소로 평가받지는 못한다. 석사학위는 진급심사 시 개인 잠재역량 평가의 일부로만 반영되기 때문이다. 오히려 혹자는 소령~중령 기간 박사학위 취득을 의아한 관점에서 본다. 영관장교 기간은 누구나 고급장교로 진출하기 위해 부대 업무에 집중하는 기간이기 때문이다.

위 선택에서의 정답은 없다. 필자가 제시한 고려 요소 중 여러분의 가치판단 우선순위에 따라 본인의 진로를 선택하면 된다. 개인의 적성과 장래 목표를 충분히 반영해 신중하게 결정할 것을 권한다.

최고 지휘관!
장군으로서 꿈은 이렇게 키워진다

20년 이상 군 복무를 이어가는 장교라면, 대령 이상의 고위급 장교가 되겠다는 포부를 갖는 것은 당연한 일이다. 아니, 장군의 꿈을 꾸고 있다는 것이 더 맞을 것이다. **장군이 되는 포부를 갖는다는 것은 단순히 계급적 의미만**

은 아니다. 여기에는 더 큰 조직을 이끌고, 더 넓은 권한과 책임을 행사하고 싶다는 의미가 담겨 있다. 그러나 군에서 더 큰 조직을 이끌 수 있는 권한은 쉽게 주어지지 않는다. 상위 계급의 책임을 감당할 수 있는 지 오랜 시간 검증 및 확인의 절차를 통해 진급으로 확대된 권한과 지위를 부여한다. 장군의 꿈은 이러한 검증의 시간을 통해 이루어진다. 이렇듯 오랜 검증의 결과로 성취한 상위 계급이라면 각 계급마다 주어지는 권한의 범위와 변화의 정도를 독자들은 궁금해할 것이다. 그러면 권한과 책임, 군 조직 내 영향력, 사회적 지위 관점에서 구체적으로 설명하겠다.

먼저, 권한과 책임 측면이다. 이는 동전의 앞뒷면과 같다. 동전도 앞면만 존재할 수 없듯이 책임 없는 권한도, 권한 없는 책임도 독립적으로 존재할 순 없다. **권한은 결정할 수 있는 힘이며, 책임은 권한의 결과를 받아들이는 의무이다. 이러한 권한과 책임은 계급이 올라감에 따라 그 범주가 확대된다.** 그 사례들을 보자.

중령으로 진급 시 필수직위로 대대장 직책을 수행한다. 대대장은 군 조직의 중간 지휘관 역할을 담당하며 다음과 같은 책임과 권한을 부여받는다. 400명 내외의 부하들을 통솔하며 대대의 전투준비태세 유지, 현행작전 임무 수행, 교육훈련 수행의 책임을 진다. 또한 대대원의 안전을 보장하고 복지를 증진하며 제반 법규준수의 의무를 진다. 반면에 이러한 책임을 다하기 위한 대대장에게 소속 부대원에 대한 근무평가 및 포상권, 인사권, 부분적 징계권 등을 보장한다. 중대장은 병사에 대한 포상 및 징계 권한으로 한정되지만, 대대장부터는 간부에 대한 제반 권한이 부여된다. 대대장은 부대원에 대한 직접 지휘할 수 있는 사실 상의 마지막 직책이다. 따라서 그 직책이 주는 의미는 남다르다. 어느 지휘관 직책보다 많은 노력이 요구되지만 거기서 느끼는 성취감은 다른 직책에 비할 바가 못 된다.

　　　　　　　　　　　　　　　　　　　　군대에서 꿈을 설계하다

대령 진급 시는 여단장 직책을 수행한다. 여단장은 4개 이상의 대대급 부대와 일천 명 내외의 부하들을 지휘한다. 여단은 독립 전투단으로 임무를 수행할 수 있기에 군인이라면 누구나 지휘해 보고 싶은 제대이다. 참모 조직도 소령급으로 편성되어 여단장의 지휘를 보좌하기에 부족함이 없다. 장성급 지휘관도 여단장의 지휘영역을 보장해 주기 위해 많은 배려를 해주는 만큼 부대 지휘의 여건도 좋아진다. 이러한 여단장이 가지는 책임과 권한은 다음과 같다. 대대장보다 확대된 여단의 전투준비태세 유지, 현행작전 임무 수행 및 지도, 대대급 교육훈련 지도 등의 책임을 진다. 또한 천명 내외 여단 인원의 안전을 보장하고 장병 복지를 증진해야 한다. 부여된 권한으로는 대대장 및 여단 본부 평가, 포상권, 소속 부대원에 대한 인사권 및 징계권 등이 있다. 여단장은 예하 대대에 대해서는 간접 지휘를 하지만 여단 직할부대에 대해서는 직접 지휘를 한다.

장군 진급 시 수행하는 사·여단장 직위는 최고의 보람을 갖는 직책이다. 준장으로 진급 시는 기갑부대 및 특전사 여단장, 소장으로 진급 시는 사단장 직책을 수행한다. 중장 이상은 군단장, 작전사령관, 참모총장 등의 직책을 수행한다. 장군 지휘관은 영관급 지휘관에 비할 수 없는 다양한 권한을 가진다. 여기에는 예하 및 타 부대에 대한 표창권, 예산 집행 및 조정 권한, 모든 소속 부대원에 대한 징계권 및 인사권, 부대 시설 사용 조정 권한 등이 포함된다. 또한 사·여단 자체 부대예규를 제정하여 업무수행의 기준을 제시하고 군기·질서를 유지한다. 대외적으로는 부대 전통이라 할 수 있는 고유의 부대 마크와 경례 구호를 통해 소속감을 높이고. 다양한 민간 단체와의 교류 활동을 추진할 수 있다. 또한 지역책임 부대장의 임무가 부여되어 지방자치단체 장과 통합방위협의회를 구성하여 민간 지원을 공식적으로 요청할 수 있다. 부대장을 보좌하는 참모조직도 중령으로 상향되며 특별참모로 재정참모, 법무참모, 군종참모, 감찰참모 등이 추가로 편성된다. 예하 부대들도 대령급

여단장이 지휘하는 부대를 포함, 다양한 병과의 직할부대가 편성되어 어떠한 형태의 단독작전도 수행할 수 있다.

앞서 언급한 다양한 권한만큼 책임도 막중하다. 장군 지휘부대는 대령 지휘부대의 몇 배에 해당하는 규모다. 따라서 수많은 부대원의 생명과 안전 보장, 확대된 작전 책임지역 담당, 현행작전 및 교육훈련 시행, 지방·광역자치단체와의 협력관계 유지 등으로 책임의 범위가 확대된다.

둘째, 육군 내 영향력 측면이다. 정책부서 및 상위 제대에서 참모 직위를 맡게 되면, 육군 조직에서의 영향력은 자연스럽게 확대된다. 물론 지휘관도 영향력은 매우 크지만, 해당 부대로 한정되는 경우가 대부분이다. **계급이 상향됨에 따라 실무자에서 과장, 과장에서 부서장, 나아가 의사결정권자로 역할과 권한이 단계적으로 확대된다.** 이에 따라 담당하는 업무의 범위 또한 넓어지며, 특정 정책에 대해서는 의사결정 과정에 직접 참여할 수도 있다. 그렇다면 저자가 경험했던 사례를 들어 보겠다.

중령은 대대장 보직 이수 후 사단급 제대에서 1차 참모 직위를 수행한다. 이후 정책부서 또는 군단급 이상 상위부대에서 2차 참모 직위를 수행한다. 1차 참모 직위는 해부대 지휘관 보좌 및 상급 제대 지시 사항 이행에 임무가 집중되어 있다. 따라서 직책에서 나오는 영향력을 느끼기 어렵다. 하지만 2차 참모 직위를 수행할 때는 군단급 이상의 상급 부대 실무자로 임무를 수행하므로 직접적인 영향력을 체감한다. 즉, 군단급 참모부 과장으로 사·여단급 이하 제대를 통제할 수 있는 과업을 기획하여 시행하기 때문이다. 정책부서의 중령 실무자는 예하 부대에 더욱 큰 영향력을 미친다. 육군 예하 전 부대에서 수행해야 할 과업 및 행동 기준을 기획하고 이를 시행하기 때문이다.

대령은 여단장 보직 이수 후 군단급 제대에서 1차 참모 직위를 수행하고 이후 정책부서 및 작전사령부에서 2차 참모 직위를 수행한다. 1차 참모 직

   군대에서 꿈을 설계하다

위는 군단장급 지휘관 보좌와 군단 부서장으로 육본과 작전사령부 지시사항 이행이 주된 임무이다. 하지만 참모 부서장으로 해당 기능 분야에 있어서 사단급 제대를 통제하고 지도한다. 이러한 측면에서 조직 내 영향력이 확대됨을 느낄 수 있다.

2차 참모 직위로 정책부서 과장 직위를 수행 시는 담당 정책분야에 대한 부서 내 책임자로 핵심적 역할을 한다. 기획안 작성에 대한 책임을 지며 의사결정과정에서는 보고자로서 역할을 한다. 본인의 논리로 육군 최고 의사결정권자를 설득해 기획안 승인을 받게 되면, 그 기획안은 육군 전체에 시행 지시로 하달되어 예하 부대에 직접적 영향을 미치게 된다. 이는 매우 대단한 영향력이라 할 수 있다. 이 과정을 통해 장군으로 진급할 수 있는 능력까지 평가받는다. 참고로 정책부서 과장으로 임무 수행을 위해서는 기획 능력은 물론, 설득력과 추진력, 그리고 소통 및 협업 능력까지 종합적인 역량이 요구된다.

장군으로 진급과 동시 참모 직위를 수행할 때는 작전사령부 또는 정책부서의 부서장을 담당한다. 영관급 참모와는 달리 최종 의사결정권자로부터 일부 권한을 위임받아 육군 또는 작전사령부 예하 부대가 수행해야 할 과업이나 행동 지침을 하달한다. 즉, 기획자의 역할을 넘어 정책 관리자의 역할을 수행한다. 당연히 그 영향력은 영관급 장교와는 비교할 바가 못 된다. 장군이 가지는 영향력은 육군 조직뿐만 아니고 민간 영역까지 확대된다.

셋째, 사회적 지위 측면이다. 군인도 국민의 한 사람이고 국가가 운영하는 한 조직의 구성원이다. 따라서 계급에 상응하는 사회적 지위가 부여된다. 사회적 지위는 공식 행사 시 적용되는 의전 서열로 표현되는 공식적 지위와 관리책임의 범위 및 규모, 실질적 권한 등을 통해 형성되는 비공식적 지위가 함께 고려되어 결정된다.

본론에 앞서, 일부 국민이 군인의 사회적 지위를 과도히 인식하는 부분을 바로잡고자 한다. 60대 이상의 일부 국민은 군부정권 당시의 군인 대우를 근거로 군인의 사회적 지위를 이야기하고 있다. 즉, 1980년 전후로 대위가 정부 조직의 5급 사무관 직위로 채용이 되다 보니 이를 기준으로 군인의 지위를 평가한다. 하지만, 이 시대에 대위의 사회적 지위는 근속 연차, 관리 업무 수준 등 현실적 여건을 고려하면, 6급 공무원 수준으로 평가할 수 있다. 필자가 군인의 사회적 지위를 일부러 낮추고자 하는 것이 아니다. 지난 20년간 인사 분야 업무를 수행하면서 느낀 경험적 기준에 근거해 판단한 것이다.

먼저 소령은 5급 사무관 지위로 평가할 수 있다. 공무원 조직에서 5급 사무관은 기초자치단체에서 과장 직위를 수행한다. 과장은 15명 내외의 팀원을 관리하며 예산편성 및 집행, 대외 협의, 민원 최종 책임자로 소규모 조직에서 최고 책임자 역할을 수행한다. 소령도 여단급 제대에서 10명 내외의 부서원을 관리하며 과장 직위를 수행한다. 물론 공무원 과장에게 부여되는 권한과 책임만큼은 없으나 여단의 4대 참모 기능 중 한 분야를 책임지는 중요 임무를 담당하고 있다. 군 조직 이외 공무 조직이나 민간 사회에서 바라보는 시각은 실무를 담당하는 영관급 장교 수준이다.

중령은 연차가 있는 5급 사무관에서 4급 서기관 초임 정도의 지위에 속한다고 볼 수 있다. 국방부에 소속된 중령의 예를 들어 보겠다. 국방부 과장은 대령 또는 4급 서기관 이상의 공무원으로 보직된다. 그 예하 과원으로 중령급 장교, 5급 이하 공무원이 편성된다. 이러한 측면에서 보면 중령은 5급 사무관 지위와 비슷하다. 하지만 지방자치단체와 협업을 하는 후방 지역방위 사단 중령의 경우는 좀 다르다. 대대장은 기초단체장(**군수, 구청장 등**)과 상호 협조 관계이며 4급 서기관인 국장과 대등한 수준에서 업무를 협업한다. 대대장은 기초 지방자치단체의 관할구역과 동일한 작전지역을 책임진다. 이

                    군대에서 꿈을 설계하다

과정에서 통합방위협의회를 통해 지방자치단체와 협조 체계를 유지하며, 평시에는 군사 관련 업무 지원을, 재해·재난 발생 시에는 군 병력 지원을 상호 협력하는 관계에 있다. 또한 해 지역 경찰서장, 소방서장과도 지역 현안에 대해서 대등한 수준에서 협업한다. 일반인은 중령 계급을 떠올리면 대개 대대장을 연상하며, 수백 명의 부하를 관리하고 독립된 지휘권과 주둔지를 가진 상위 지휘관으로 인식한다.

대령은 4급 서기관에서 3급 부이사관의 지위를 갖는다. 국방부 및 중앙 정부 조직에서 대령은 공무원 3급 부이사관 초임 또는 4급 서기관과 함께 과장 직위를 수행한다. 이처럼 고위 공무원급으로 평가하는 측면도 있지만 이보다는 장군 진급을 목전에 둔 예비 장군으로서 예우하는 경우가 많다. 사실 군인 누구나 대령까지 진급했으면 군에서의 일차적 꿈은 달성했다고 자평한다. 하물며 예비역 군인이 인구의 절반 가까이 되는 우리 상황에서 대령은 매우 높은 직위이며 그에 준해서 사회는 예우한다.

마지막으로, 장군은 중앙 정부에서 국장급 고위 공무원 이상의 직위에 해당한다. 사회적 기준에서 보면 대기업의 임원 이상, 중소기업의 CEO 수준에서 대우한다. 실제 현대, 한화 등 방산업체에서 준·소장의 경우 상무 이사급으로 경력 채용한다. 장군의 사회적 지위에 대해서는 더 언급하지 않아도 이미 충분히 독자들이 알고 있기에 여기서 말을 줄이겠다.

이처럼 군인은 본인의 계급에 상응하는 사회적 대우를 받는다. 필자가 위에서 기술한 내용은 사회적 통념 수준에서 제시한 것이다. 군인연금, 급여, 주거지원 등 다양한 혜택까지 포함하면, 군인의 지위와 대우는 앞서 언급한 수준보다 높아진다.

군사전문가로서 꿈은 이렇게 키워진다

　장차 군사전문가로서의 꿈이 있다면 그 분야는 매우 다양하다. **육군은 무기체계 획득을 담당하는 획득 전문인력, 국방정책을 담당하는 정책 전문인력, 특수 자격이나 전문지식이 필요한 특수 전문인력, 국제 관계 및 군사 외교를 담당하는 국제 전문인력, 그 외 기술·기능 전문인력까지 총 5개 분야로 구분하여 육성하고 있으며, 이 5개 분야는 다시 세부 유형으로 구체화 된다.**

　전문인력은 주간 석·박사 위탁교육간 학위 취득은 물론이고 다양한 민간 교류를 통해서 전문 분야와 관련된 지식을 습득하고 인적 네트워크를 형성한다. 이러한 활동을 통해 군사 영역에서 정치, 경제, 과학 등의 비군사적 영역까지 영향력을 확장하고 이를 전문 분야에 활용한다. 이후 전문인력 직위 근무 시도 대학 교수진 등을 포함한 다양한 민간 인적 네트워크와 교류를 통해 민간 영역의 최신 트렌드와 아이디어를 국방 정책에 접목시키는 역할을 한다. 특히 해외 유수의 대학에서 학위를 취득한 인원은 국제적 안보 이슈에 대응하는 전문가로서는 물론이고, 어학 자원으로서도 활용한다. 그러면 각 전문인력 분야에 대해서 알아보자. 다만, 각각의 전문인력 분야별 보직 관리 사항은 제3장 ❹에서 별도 설명하겠다.

　먼저, 정책 전문인력이다. 미래 군사력을 건설하고 운용하기 위한 국방정책과 군사전략을 수립하고 이를 위한 제도개선 및 자원 확보 역할을 담당한다. 정책 전문 분야는 인력·조직·교육, 국방정책 및 전략, 군사력 건설 및 유지 3개 분야로 구분된다. 먼저 인력·조직·교육 분야로 국방인력을 설계 및 운영하고 군 구조를 국방환경에 부합되게 조정하며, 국방 분야의 개혁 소요를 도출하고 시행하는 주 역할을 담당한다. 둘째, 국방정책 및 전략 분야는 북한의 WMD(대량 살상무기) 대응을 포함한 주변국에 대응하는 군사전략을 수립하고 대북정책을 맡는다. 셋째, 군사력 건설·유지 분야는 전쟁 억제와 승리를 목표로 무기체계를 포함한 군사적 능력 확보를 위해 소요 제기, 시험평가, 사업 결정 등 일련의 절차를 담당한다. 쉽게 부연 설명하면, 획득 전문인력이 수행하는 무기체계 획득을 위한 사업관리(**협상, 계약, 도입 등**) 단계에 앞서 이러한 무기체계 획득의 정책적 타당성을 제시하고 관련 예산을 확보하는 역할을 맡는다. 정책 전문인력은 항공병과를 제외한 7개 전투병과에서 선발하며 이후 국방부, 합참, 육본 등 정책부서의 지정 직위와 육군본부 산하 연구부서에서 근무한다. 정책 전문인력은 소장까지가 최고 계급이며 통상 중·대령으로 전역한다.

둘째, 방사청을 중심으로 운용되는 획득 전문인력이다. 2006년에 방위사업청 개청과 함께 획득 전문 직위가 신설되었고, 방위사업청에서 전문인력에 대한 선발, 교육, 보직, 진급 등 인사권한을 행사한다. 이들은 방산 관련 전문성을 바탕으로 무기체계 획득, 군수품 조달, 방위사업 육성 등의 임무를 수행한다. 이해를 돕기 위해 최근 무기체계 획득 사례를 들어보자. 여러분들은 K-9 자주포와 K-2 전차에 대해 많이 들어봤을 것이다. 한화디펜스는 K-9 자주포를 ,현대로템은 K-2 전차를 개발하여 국내 생산하고 있다. 자주포는 1989년에 개발을 시작하여 2001년에 실전배치가 되고 현재는 K-9A2까지 성능개량이 되어 생산되고 있다. 전차는 2003년도에 개발을 시작하여 2010년 실전배치가 되었다. 두 무기체계는 모두 국방과학연구소(ADD)의 개념연구를 통해서 각각 현대 로템 및 한화 디펜스가 협력 개발을 하였다. 2022년에는 정부 주도 하 폴란드에 위 두 무기체계를 19조 원 규모로 수출하는 계약을 체결하였으며, 2025년 7월에는 8조 8천억 원 규모의 K2 전차

수출을 추가로 계약하였다. 우리나라의 무기체계 수출은 안보와 직결된 사항으로 정부와 방산업체의 협력을 바탕으로 진행된다. 이 과정에서 방사청은 협상을 주도하고, 계약의 체결 및 이행 등 전반적인 사업관리를 담당한다. 이때 획득 전문인력이 주 실무를 담당한다. 획득 전문인력은 소수 인원이 준장까지 진급하며 통상 중·대령으로 전역한다.

셋째, 국제 전문인력이다. 외국 정부 또는 국제기구와 협상, 교류, 협력과 관련된 업무를 수행한다. 국제 전문인력은 국제협상 및 군사협력을 담당하는 국제전문 자격과 전문적으로 무관 임무를 수행하는 군사외교 자격으로 구분된다. 국제 전문인력은 최고 준장까지 진출할 수 있다. 대령까지가 실질적인 진급의 한계이지만 해외 대사관 근무에 따른 외교관 혜택이 주어지므로 상당히 매력적인 분야이다. 관련된 사항은 뒤에서 자세히 설명하겠다.

넷째, 특수 전문인력으로 다양한 직군이 있다. 이들은 특정 분야에 높은 학문적 지식이 필요한 직위에서 임무를 수행한다. 세부 직군으로는 교수, 연구개발, 국방분석, 사이버 분야가 있다.

먼저 교수 직군으로 육군사관학교 및 육군3사관학교, 간호사관학교, 국방대학교에서 생도와 장교의 교육을 담당하는 교수진이 여기에 해당한다. 교수는 일반 군인보다 정년이 길어 60세까지 군 복무가 가능하다. 참고로 일반 군인의 정년은 중령은 53세, 대령은 56세이다. 교수는 장군으로 진급은 가능하나 극소수의 인원만이 진급되고 대부분이 대령으로 정년을 맞는다. 일반대학 교수와 다른 점은 군인으로 재직 간에는 타 직업을 가질 수가 없고 타 대학으로의 이적도 안 된다. 그 외도 군 교수로만의 특수성이 있으나 대체로 일반 대학교수와 동일한 역할을 수행한다고 보면 된다. 학교 내부적으로도 전임강사, 조교수, 부교수, 정교수 등의 민간 대학교와 동일한 승급 체계를 유지하고 있다.

다음은 연구기관에서 근무하는 연구개발 직군이다. 주로 국방과학연구소 (ADD), 한국국방연구원(KIDA) 등 전문 연구개발 기관에서 근무하고 육군본부, 합참 등의 정책부서 내 관련 직위에도 근무한다. 이들은 무기체계 및 국방 핵심기술의 연구·개발을 담당하며 국방정책, 전력 소요, 방위사업 제도 등을 연구하는 정책 싱크탱크로서 정부의 의사결정을 지원한다. 준장이 최고 직위이며, 대부분 중·대령으로 전역하나 해당 연구기관의 군무원으로 전직이 쉽다.

이어서, 국방관리분석 직군이다. 국방즈직의 효율성, 자원배분, 무기체계 및 작전 수행 능력의 최적화를 위해 현 체계를 진단하고 개선 방안을 도출하는 과업을 수행한다. 즉, 예산, 인력, 군수지원, 정보화, 전투준비태세 등 국방 전반의 요소를 종합적으로 평가하여 최적의 운용 방안을 제시하는 역할을 한다. 준장이 최고 직위이며, 대부분 중·대령으로 전역한다.

끝으로, 사이버 직군이다. 사이버공간에서 적의 공격을 탐지, 방어, 공격하는 임무를 담당한다. 국군 사이버사령부가 최상위 제대이며, 육·해·공군에 각각 관련 조직이 설치되어 있다. 협업 기관으로는 국방과학연구소가 있으며 상호 유기적 협업 및 교환 보직으로 다양한 사이버 작전을 연구하고 그 결과를 실전에 적용한다. 최근 준장 배출기 안 되고 있으나 그 중요성은 점점 부각되어 향후 진출 전망은 밝다.

마지막으로, 기술·기능 전문인력으로 군 고유의 전문적 기술, 기능 및 특수한 직무 지식이 요구되는 직위에서 운용된다. 여기에는 정보 전문, 방첩, 시설, 통신 기술 등의 세부 특기가 있다.

디지털을 넘어 AI로, 육군의 인사관리 모델은?

본격적인 설명에 앞서

　육군은 그 어느 조직보다 크고 복잡하다. 그 이유는 군은 평시를 대비하는 것이 아니라 유사시를 대비해 사회의 필수 기능을 모두 담아 놓았기 때문이다.

　육군과 같은 대규모 조직은 별도의 인사 관리팀을 운영한다. 대기업의 경우 인사관리 부서는 인사조직을 관장하는 HR본부, 인재개발실, 조직문화팀, 노무팀, C&B팀 등으로 세분화된다. 앞에서 설명한 바와 같이 군은 대기업보다 더 복잡한 기능과 조직으로 구성되어 있다. 따라서 분야별 세분화된 인사관리가 가능하도록 육군의 시스템은 발전해 왔다.

　또한 육군은 성과평가 요소가 기업과는 다르다 보니 그에 맞는 평가시스템을 구축하여 유지하고 있다. 즉, 기업은 매출과 수익이라는 명확한 성과지표가 있지만 육군은 명확한 기준이 없다. 따라서 개인이 국가와 육군에 어느 정도 헌신과 기여했느냐를 다양한 기준으로 계량화 평가하고, 그 평가 결과로 진급을 결정하는 체계로 발전해 왔다.

　필자는 육군의 인사관리 체계의 법적 근거는 무엇이며, 현재 적용 중인 '통합성과 전문성에 기초한 인사관리제도'에 대해서 살펴볼 것이다. 다만, 육군 인사관리 모델을 설명하면서, 군사보안 측면을 고려해 일부 내용은 독자가 원하는 수준에 다소 부족할 수 있음을 양해해 주기 바란다.

군 인사관리의 법적 근거

　육군 인사관리 모델을 올바로 이해하기 위해서는 먼저 상위 법령인 군인사법으로부터 하위 세부 시행 지침인 육군 규정까지 단계적으로 접근해야 한다. 육군의 인사관리는 군인사법 제16조 '보직' 조항과 시행령 제14조 '전투부대장의 출신 병과' 조항을 상위 법령으로 한 국방인사관리훈령을 근거로 시행된다.

　군인사법 제16조는 '보직'의 기준을 제시한다. ① 장교의 보직은 그 직위에 필요한 계급, 병과, 경력상의 자격을 갖춘 사람으로 한다. ② 전투 수행하는 여단급 부대장은 자격을 갖춘 전투병과(보병, 기갑, 포병, 방공, 정보, 공병, 정보통신, 항공) 출신 장교로 임명한다. ③ 특수병과 장교는 기본병과 직위에 보직되지 아니한다.

　장교 경력관리 관련, 제1항에서는 "경력상 자격을 갖춘 인원을 직위에 보직한다"라고 명시하고 있다. 이는 경력관리가 단계적인 보직 이수를 전제로 이루어짐을 의미한다.

　국방인사관리훈령에서는 군인사법에 근거한 세부 인사관리 원칙을 제시하고 있다. 제4조 편제 준수의 원칙에서는 "장교의 보직은 편제상의 병과별, 참모 특기에 일치하도록 보직하는 것을 원칙으로 한다"라고 규정한다. 제12조 보직 기간에서는 "일반직위는 1개 직위를 2년 이내로 통제한다"와 "전문성 직위는 1개 직위를 3년으로 통제한다"로 명시하고 있다. 제57조에서는 전문인력 직위 체계(정책 전문, 국제 전문, 특수 전문, 기술/기능 전문, 획득 전문)를 규정하고 있다.

육군 규정 제120 장교 인사관리 규정은 장교 경력관리를 위한 최하위 시행 지침이다. 이 자체가 군사비밀은 아니나 군사자료이기에 대외 노출 시 민감한 부분은 설명에서 제외하였다.

現 인사관리제도,
'통합성과 전문성에 기초한 인사관리'

통합성과 전문성에 기초한 인사관리제도는 급격한 대내·외 환경변화와 군사적 우발 상황에 대처할 수 있는 인재의 필요성에서 대두되었다. 따라서 미래 인재의 핵심역량으로 통섭, 통찰, 사회변화에 대한 민첩성과 적응성, 혁신, 소통 등을 제시하고 있다. **장교는 이러한 역량 구비를 통해 업무영역을 자유롭게 넘나들 수 있는 통섭형 인재로 육성됨을 그 목표로 하고 있다.** 이러한 목표는 기존의 형평성 중심의 인사관리 체계에서는 달성하기 힘든 한계가 있었다.

❶ 기본 개념은?

육군이 추구하는 인재상은 전통적 인재상과 시대적 인재상으로 구분한다. 전자는 올바르고 유능하며 헌신하는 전사로, 국가와 국민을 위해 적과 싸우면 반드시 승리하는 전사 기질을 가진 인재이다. 또한 후자는 통섭형 인재로, 한 분야에 정통한 전문성을 보유하고 타 분야에도 보편적 지식을 겸비하

  군대에서 꿈을 설계하다

여 새로운 개념이나 가치를 창출할 수 있는 인재이다.

육군의 인재관리 체계란 통섭형 인재를 양성이라는 기본개념을 구현하기 위해 인재관리 7대 기능인 소요, 획득, 교육, 보직, 평가 및 진급, 분리를 일관된 방향으로 통합하는 것을 의미한다. 기능별 세부 내용은 아래와 같다. 소요란 미래 육군에 요구되는 인재 소요와 활용 분야를 제대로 예측하여 획득 및 교육에 반영하는 것을, 획득은 육군이 인재를 주도적으로 발굴하거나 이미 잘 양성된 인재를 적극적으로 찾는 것을 의미한다. 교육은 획득된 인원을 군에서 활용할 수 있도록 개인 능력을 향상하는 것을 말하며, 보직은 교육된 인원을 적재적소 활용하는 것과 인재를 부대별, 분야별 균형 배분함을 의미한다. 평가 및 진급은 육군의 인재상을 실천하는 인원이 제대로 평가받고 상위직위로 진출하는 것과 개인 평가 피드백을 통해서 능력 향상을 보장하는 것을 말한다. 마지막 단계인 분리는 현역에서 예비역으로 신분이 전환되거나 퇴역을 통해서 군 복무 중지를 관리하는 인사행정을 의미한다.

인재관리 체계는 7개 분야지만 필자는 독자들의 경력관리에 직접적으로 연관되는 보직, 평가 및 진급 분야만 설명하고자 한다.

❷ 보직관리 체계란?

보직은 편제 직위에 최적의 인원을 임명하는 활동을 말한다. 이때 교육, 진급과 연계성을 유지하며 규정과 지침, 개인의 능력, 적성, 근무 경력, 개인 희망 등을 고려한다. 육군본부 예하 인사사령부에서 1단계 하위 제대인 작전사령부와 군단으로 부대를 분류한다. 이후 군단에서 사단으로 부대를 재분류하는 단계를 가진다. 사단급 이하에서는 개인별 세부 보직을 판단해서 여단급으로 재분류하고 이후 여단급 이하 제대에서는 인사 명령을 발령하여 최종 보직한다.

보직관리는 일반형 장교와 전문인력으로 구분하여 실시된다. 먼저 일반형 장교의 보직 관리는 병과 특기 전문성을 바탕으로 통합 전투지휘 능력과 정책 마인드를 겸비한 군사전문가 육성에 중점을 둔다. 반면 전문인력은 특정 분야에 대한 전문지식을 바탕으로 정책 및 특수분야 전문가 육성에 중점을 두고 보직한다. 세부 내용은 뒤에서 설명하겠다.

육군은 전체적으로 '계획인사' 제도를 적용하여 개인 보직을 관리한다. 다만, 전문인력의 일부는 별도의 보직 관리체계를 유지한다. **계획인사란 부대별 장기 인력 운영 및 보직에 대한 예측을 가능하게 하고, 개인 보직에 대해서는 충분한 검토를 거쳐 적재적소에 보직하도록 하는 인사관리 체계를 의미한다.** 이 제도를 통해 공정성에 기반해 개인에게 지역별, 근무 제대별, 병과 특기별 다양한 근무 경험을 유도하고 있다. 계획인사의 대원칙은 무경험 지역과 최소근무 지역에 우선 분류하는 것이다. 대령은 연 2회 전·후반기 말에 별도의 계획인사 심의를 진행하며, 중령 이하 장교는 연 4회 분기별로 심의한다. 중령 이하 장교의 경우 4개 권역(GOP, 해강안, **지역방위 사단/동원사단, 재경/도심권**)과 4개 지역(**동부, 서부, 2작사, 재경**)으로 구분하여 무경험 및 최소 근무 지역으로 보직을 부여한다. 여기서 4개 지역은 실제로 12개 지역으로 세부 구분되나 설명이 복잡하여 생략하겠다. 독자들의 이해를 돕기 위해 가장 일반적인 예를 들어보겠다.

사례#1

대위 장교가 파주지역(서부)과 화천지역(동부)지역 GOP부대에서 근무를 하고 계획인사를 신청한 경우 다음 근무지역은?

→ 2작전사 또는 재경(서울, 경기) 지역에 위치한 지역방위사단, 동원사단, 도심권 부대로 분류 가능성 높음.

   군대에서 꿈을 설계하다

사유 ❶ 무경험 지역인 2작전사, 재경 지역 고려

    ❷ 무경험 권역인 지역방위사단/동원사단, 재경/도심권 부대 고려

사례#2

소령 장교가 일산지역(서부)과 대전지역(교육사 등) 부대에서 근무를
하고 계획인사를 신청한 경우 다음 근무지역은?

→ 동부지역 또는 2작전사에 위치한 GOP / 해안 경계부대로 분류 가능성
  높음.

사유 ❶ 무경험 지역인 동부 / 2작전사 분류

    ❷ 무경험 권역인 GOP, 해강안 고려 분류

대령의 경우, 계획인사는 전투병과의 일반형 장교에게만 적용된다. 적용
지역은 근무 선호 지역인 육군본부 및 재경 지역(수도권), 자운대 지역으로 한
정하고, 2~3년 단위로 다른 지역에 위치한 직위로 교류된다.

❸ 일반형 장교 보직관리는?

장교는 육군 규정에 명시된 계급별 보직을 이수해야 한다. 필수직위, 선택
직위, 계급별 지휘관리 과정 등이 이에 해당한다. 이렇게 계급별 규정된 직
위를 모두 이수하면 상위 계급으로 진급 시 그 계급에 맞는 역량을 갖추게
된다. 그렇다면 실질적인 보직 관리가 필요한 대위 계급부터 알아보자.

위관장교의 보직 관리 목표는 병과 전문가 육성이다. 이를 위해 소위~대
위 기간 필수직위와 선택직위를 이수하고, 우수자는 선발 과정을 통해 해외

파병, 해외 군사교육 과정 등에 파견한다.

장교 양성 과정을 마치고 소위로 임관하게 되면 초군반(신임장교 지휘참모 과정)을 이수한다. 이때 전투병과 장교는 소대장 임무를 수행하기 위한 기초 전술 지식과 전투기술을 습득하게 된다. 또한 20명 내외의 소대원을 지휘할 수 있는 리더십도 배양한다. 약 4개월간 교육을 받고 6월 말 자대로 배치된다.

초급반 수료자는 소대장 직위에 먼저 보직하는 것을 원칙으로 하나 자대 여건을 고려하여 참모 직위에 먼저 배치할 수도 있다. 실제 대다수의 소위는 소대장으로 보직하고 소수 인원만 대대 참모 직위를 먼저 수행토록 한다. 다만, 전방사단 GP에 투입되는 소대장은 기존 소대장 중에서 우수자를 선발하여 보직한다. GP 소대장은 독립주둔지를 운영해야 하고 필요시 DMZ 내에서 독립작전도 수행해야 하기 때문이다. 힘든 근무 환경인 만큼 인사 평가도 우대하고 추가적인 경제적 보상도 받는다.

중위 2년 차에 단기복무 장교들은 28개월의 복무를 마치고 전역하며, 이들 중 희망자를 대상으로 장기복무자를 선발한다. 장기복무가 부담되는 인원은 복무 연장을 1년 단위로 총 10년 미만까지 신청할 수 있다. 그렇다고 희망하는 모든 인원이 연장 복무가 가능한 것은 아니다. 원칙적으로 평가요소(근무 평가, 교육 성적, 부대 평가 등)에 근거한 선발 과정을 통해 복무 연장이 승인되나 성실 근무자라면 대부분 연장 복무를 할 수 있다. 중위 기간에는 반드시 이수해야 하는 직위는 없다. 소대장 또는 대대 참모 직위를 수행하면 보직 관리에 문제는 없다.

대위로 진급하게 되면 고군반(대위 지휘참모 과정)을 수료 후 중대장 직위를 우선적으로 수행한다. 다만, 내정된 사단 내에서 중대장 보직이 제한되거나 공석이 없으면, 먼저 참모 직위를 수행하게 된다. 중대장 직위는 18개월씩 2개 직위를 이수함을 원칙으로 한다. 통상 1차 중대장 직위를 이수하게 되면 다양한 부대유형을 경험하기 위해서 타 유형의 부대로 이동하여 2차 중대장 직위를 수행한다. 예를 들어 상비사단에서 실병력을 지휘하는 직위에 있었다면 2차 중대장은 동원사단의 중대장 직위를 이수하는 개념이다. 여기까지를 기본직 중대장이라 칭하고 2개 중대장 직위를 이수하게 되면 대대급 이상 제대에서 참모 직위를 수행한다. 참모 직위로 간주 되는 선발직 중대장 직위도 있다. 이는 기본직 중대장 2개 직위를 모두 이수한 인원만이 보직될 수 있다. 주로 여단급 직할 중대장이 여기에 해당한다. 정리하면, **필수직위인 중대장 직위를 이수한 후 전투병과 장교는 참모 직위 2개 이상을, 기술·행정병과 장교는 3개 이상의 참모 직위를 수행해야 한다.**

영관장교 보직 관리는 병과, 특기를 넘어선 다양한 직위 경험을 통해 각종 상황에 대응할 수 있는 적응력과 통섭 역량을 갖추는 것을 목표로 한다.

소령으로 진급 시는 육군대학 과정에 의무적으로 입교하여 타 병과에 대한 이해를 높이고 타 병과와의 통합전투 능력을 배양한다. **이후 소령은 정책부서, 작전사령부, 군단, 사단급 이하 제대 등 중대급 이하를 제외한 전 제대에서 근무하며 여러 참모 특기 분야의 업무를 수행한다. 모든 병과 소령은 3개 이상의 다른 참모 직위를 이수해야 한다.** 이는 진급심사 시 경력평가에서도 우수하게 평가하는 부분이다.

중령 시기에는 대대장을 최소 2년간 수행하며, 그 이후는 사단급 이상 제대의 참모 특기별 직위에서 근무한다. 대대장 직위는 기본직과 선발직으로 나뉜다. 기본직 대대장은 필수직위로, 중령 진급과 동시에 수행하며, 선발직 대대장은 기본직 대대장을 이수한 장교 중 육군본부에서 선발하여 보직한다. 그렇다고 선발직 대대장 직위가 대령으로의 진급 시 유리하게 평가되는 것은 아니다.

대령 기간에는 여단장 직위를 18개월 내외로 수행하며, 이후 사단 및 군단급에서 참모 직위를 이수한다. 여단장 직위는 대대장 직위와 마찬가지로 기본직과 선발직으로 나뉜다. 기본직 여단장의 자격 기준은 중령 이하 계급에서 수행해야 할 지휘관 직위들을 모두 거쳐야 한다. 선발직 여단장은 기본직 여단장을 이수한 인원 중 육군에서 선발한다. 선발 직위이기는 하나 장군으로의 진급에 유리하게 작용하지는 않는다. 기본직 여단장 직위를 이수하면 통상 작전사령부 또는 정책부서 과장 직위에서 임무를 수행한다

장교는 소위에서 대령에 이르기까지 다양한 직책과 제대별 경험을 축적하는 체계적인 경력관리를 통해 통합전투 지휘 역량을 갖춘 통섭형 인재로 도약하게 된다. 이는 장군 진급을 위한 기반이 되며, 이러한 여정을 통해 독자들의 꿈은 현실이 된다.

❹ 전문인력 보직관리는?

앞서 전문인력 장교가 국방정책 및 관리 분야에서 어떠한 역할을 하는지와 이들의 진출 전망에 대해서 알아보았다. 여기서는 세부 전문인력 분야별 구체적인 보직 관리 방법에 대해서 설명하고자 한다. 향후 전문인력으로 군 복무에 관심 있는 독자에게 많은 도움이 될 것이다.

전문인력은 특정 분야의 전문성을 갖춘 인재를 육성하는 데 중점을 두고 보직한다. 이를 위해서 일반적으로 중·대위 기간에 국내·외 대학에서 석사학위를, 소령 기간에는 박사학위 위탁교육 기회를 부여한다. 위탁교육 기간 개인은 전문 분야에 대한 폭넓은 지식을 함양하고 인적 네트워크를 형성하여 향후 국방정책 수립과 시행에 활용할 수 있도록 해야 한다. 위탁교육을 이수한 후에는 전공 및 전문 분야와 연계한 보직을 반복 부여하여 교육과 보직을 연계한 활용성을 높인다. 정책부서에 근무하다 보면 민간 대학, 정부 기

 군대에서 꿈을 설계하다

관, 국회 등 민간 외부 기관과 협업 기회가 많다. 이때 민간 대학 위탁교육 시 형성한 인적 네트워크를 활용해 업무를 효과적으로 처리하는 경우가 종종 있다.

전문인력은 주간 석사 위탁교육 전·후의 보직 관리 방식에 있어 차이가 크다. 주간 석사학위에 선발되면 통상 전문인력 예비 특기를 부여하여 그에 따른 인사관리를 한다. 즉, **석사학위 취득 전에는 일반형 장교로서 필수직위를 이수해야 하지만, 취득 후에는 박사학위 위탁교육 부여 및 관련 직위 장기 보직 등 별도의 인사관리를 받는다.** 전문인력은 앞서 언급했듯이 5개 분야로 나뉜다. 분야별 보직 관리 체계를 알아보자.

먼저, 정책 전문인력이다. 미래 국방환경 변화에 대비하고 국방정책을 주도할 전문인력의 체계적인 육성을 위해 해당 인력은 별도로 보직을 관리한다. 선발임명은 예비 임명과 확정 임명으로 구분한다. 항공병과를 제외한 전투병과 장교 중 주간 석사학위 위탁교육을 이수 시 예비 임명하고, 통상 박사학위 과정에 선발되거나 소령 시기에 최종 임명한다. 예비 임명 시부터 정책분야에 전문성 있는 활용을 위해 야전부대 일반형 장교에 비해 융통성 있게 보직을 관리한다. 해 분야 전문가로서 활용을 위해 다음 직위를 사전에 예고해 주고, 수시 심의를 통해서 적정 직위에 보직한다. 이런 부분은 일반형 장교에게는 적용되지 않는다.

정책 전문인력은 대위 기간 전공 분야에 대한 2~3년간의 위탁교육을 통해 석사학위를 취득한다. 학위 취득 여건을 보장하기 위해 보직을 부여하지 않고 군 위탁생으로 별도 관리한다. 즉, 부대에 출퇴근의 의무가 없고 학업에만 열중하면 된다. 다만, 학업 중에도 군인 신분으로서 모든 권한과 책임은 유지된다. 또한 학위 취득 여부가 진급 평가 요소로 포함되므로 최선을 다해야 한다. 이는 소령 진급 평가 시 결정적 요소로 작용한다. 석사학위를 취득하면 정책전문 예비인력으로 육군본부에서 별도 관리한다. 소령으로 진급 시 육군대학에 입교하여 일반형 장교와 동일한 교육을 이수한다. 이후 품성 및 자질, 전문성, 근무평정 등을 종합적으로 고려하여 정책 전문인력으로 확정 임명한다. 육군대학 수료 후 야전부대에서 1개 직위(1년 이상) 이수 후 정책부서에서 반복 보직된다. 야전부대 참모 직위를 이수하면 박사학위 취득 기회를 부여하여 전문성을 심화한다. 석사학위와 마찬가지로 박사학위 취득 여부도 진급 시 매우 중요한 요소로 반영된다. 중령 기간에 일반형 장교가 이수하는 지휘관 및 참모 직위는 미 보직한다. 대신 국내·외 정책연수, 대외기관 파견, 능력개발 교육을 통한 전문성 개발기간으로 활용한다. 이후 국방부, 합참, KIDA 등의 정책·연구부서에 순환 보직한다. 대령 기간 역시 지휘관 직위는 미이수하고 국방부, 합참, 육본, 교육사, 대외기관에서 부서장으로 순환보직을 한다.

둘째, 획득 전문인력이다. 이들은 무기체계 획득 사업을 관장하는 방사청 및 정책부서 획득 관련 직위로 보직된다. 방사청 직위에 보직된 획득 전문인력은 외국 사업기관과 무기체계 수출·입 협상을 주도하고, 계약의 체결 및 이행 등 전반적인 사업관리를 담당한다. 육군은 매년 대위 필수직위(중대장) 이수자를 대상으로 일정 수의 획득 전문인력을 선발한다. 이때 근무평정, 교육 및 경력 등을 종합적으로 고려하여 선발하며 이때 석사학위 소지자(예정자 포함)와 국방사업 관련 자격증 소지자를 우대한다. 또한 획득 사업의 특성을 고려 청렴성, 비위, 보안 등의 문제로 징계 처분자는 선발에서 배제한다. 선발된 획득 전문인력은 방위사업청으로 경력관리 주체가 전환된다. 대위와 소령은 실무관리층으로 구분, 통합하여 보직 관리한다. 방위사업청 소속으로 전환된 후 5년 차가 되면 국방부에서 지정한 정책부서 내 획득 전문 직위에 2년 이내로 순환 근무토록 한다. 중령 진급 시는 중간 관리층으로 구분하

     군대에서 꿈을 설계하다

고 특정 분야의 전문성을 심화하도록 보직을 관리한다. 방위사업청 내 정책, 사업, 계약의 다양한 부서에서 보직을 이수한다. 대령은 고위관리층으로 완성된 전문성을 활용할 수 있도록 방사청 내 과장(팀장)으로 보직한다. 진급은 획득 전문인력 풀 내 인원을 대상으로 대년 계급별 소요를 고려하여 우수자를 선발한다.

셋째, 국제 전문인력으로 외국 정부와 협상, 군사 교류 및 협력 업무를 담당하는 국제 전문 직위에 보직하여 활용된다. 국제 전문인력은 다시 국제 전문인력(동일 명칭)과 군사외교 전문인력으로 구분한다. 전자는 국제협상, 군사협력, 일반 무관 임무를 수행한다. 석사학위 주간 위탁교육 이수 후 예비 임명하고 소령 진급 시 확정 임명한다. 보직 관리는 야전부대와 국제 전문 직위 간 순환 보직한다. 즉, 지휘관 및 참모 직위는 일반형 장교와 동일하게 시행하되, 무관 선발 공고에 따라 해당 언어권 국가에 지원하고 선발 시 무관 직위를 수행하게 된다. 반면, 군사외교 전문인력은 특화된 무관으로 일반 무관보다 군사 외교 분야에 전문성을 가지고 있다. 국제 전문인력으로 임명된 중령 이하의 영관장교에서 선발 임명하고 중령과 대령은 무관 및 정책부서 국제 전문 직위에 장기적으로 반복 보직한다. 국제 전문인력 직위의 대부분은 육군본부와 국방부에 있다.

국제 전문인력의 대표적 직위인 주재무관, 국제기구 근무자에 대해 좀 더 살펴보자. 먼저 무관은 군사 외교관으로 해외 대사관에서 주재원으로 근무하게 된다. 해당 국가에서 대한민국 국방부를 대표하여 임무를 수행하므로 다양한 군사 외교 활동을 한다. 따라서 일반형 장교는 받지 못하는 경제적 지원을 포함한 다양한 혜택이 있다. 무관은 해당 국가 중요도에 따라서 장군(준장)부터 중령까지 보직이 된다. 최근에는 대한민국 방산 무기 수출이 확대되면서 무관의 역할은 더욱 중요시 되고 있다. 따라서 무관이 되려면 엄격한 자격조건을 충족해야 한다. 가급적 전투병과 장교로 군 복무 간 근무 평가가 우수하고 해당 외국어를 능통하게 구사하며 국가관이 투철해야 한다. 국외 위탁교육 및 국방 어학원에서 운영하는 제2외국어반을 수료한 자로 연합 또는 합동 전문자격을 보유하면 유리하다. 연합 또는 합동 전문자격은 소령~ 대령 기간에 특정 기준을 충족하면 부여된다. 이중 연합 전문자격은 영어 능력 우수자 중 선정된다. 무관은 해당국에 파견이 되면 보통 3~4년의 임기를 갖는다. 최초 파견 시 우수 근무자로 평가받으면 추후 재파견할 수도 있다.

국제 전문인력은 UN과 같은 국제 기구에서도 근무할 수 있다. 2년이 기본임기이고 1년 연장이 가능하여 통상 3년을 근무한다. 국제기구 파견 시 경력평가도 유리하게 반영하고 진급 평가 시도 우대한다.

국제 전문인력 직위는 군인이라면 누구나 한번은 경험해 보고 싶어 한다. 저자도 해외 무관으로서 임무를 수행해 보고 싶었으나 보병 장교로서의 꿈이 더 컸기에 그 길을 시도하지 않았다. 그러나 어느 분야나 마찬가지지만 장점만을 가진 분야는 없다. 국제 전문직위는 일반형 장교와 비교 시 장군으로서 진급 가능성은 매우 낮다. 그럼에도 불구하고 군사전문가로서 꿈을 갖기에는 충분히 매력 있는 분야라고 생각한다.

넷째, 특수 전문인력으로 교수, 연구개발, 국방관리분석, 사이버 4개 특기 분야가 포함한다. 석사 주간 위탁교육 선발과 동시 또는 학위 취득 시 예비 자원으로 분류하고, 박사학위 취득과 동시 또는 소령 진급 시 확정 임명한다.

교수 특기는 중위 계급 시 석사학위 교육 선발과 동시에 예비 분류한다. 석사학위 취득 후 학교 기관 교수 직위에 장기적 반복 보직된다. 야전부대 일반형 장교와는 완전히 다른 길을 걷게 된다. 육군사관학교, 육군3사관학교, 국방대학교에서 장기 근무를 하게 된다. 대위 계급으로 5년 차 내외 시기에 박사학위 교육을 시작하여 소령 진급 시기 전후로 박사 학위과정을 이수한다. 소령 이후에는 교수 직위와 더불어 학과장, 연구소장 등의 보직을 수행하게 되며, 개인 경력과 역량에 따라 교육기관 단위의 연구 실적 및 자체 평가를 통해 조교수·부교수·정교수의 직급을 부여받는다. 또한 통상 대령으로 진급하면 민간 대학교 교수에게 적용되는 안식년 개념의 해외 연수 기회가 1년 내외로 부여된다. 물론 장교로서 육군본부 진급심사에 따라 상위 계급으로 진출할 기회도 동등하게 보장된다. 교수의 경우 박사학위가 있는 경우 대부분 대령으로 진급한다. 이중에서는 아주 소수이기는 하지만 장군으로 진급하여 교수부장 임무를 수행한다.

연구개발 직위는 국방과학연구소, 한국국방연구원, 국방기술품질원 등 연구기관에 집중되어 있다. 중·대위 기간에 석사 주간 위탁교육 선발과 동시에 연구개발 전문인력으로 예비 분류한다. 특기 확정은 대위 계급에서 박사학위 선발과 연계하여 석사학위 교육성적, 근무평정, 연구 실적 등을 고려하여 육군본부에서 최종 결정한다. 석사학위 취득자는 전공 관련 직위 또는 연구개발 직위에 보직한다. 특기가 확정되면 전문성 발휘가 최대화될 수 있는 연구개발 직위, 전공 관련 직위에 보직한다. 앞서 언급했듯이 연구개발 직위는 우리나라의 방위산업을 세계적 수준으로 끌어올린 일등 공신이다. 다양한 무기체계를 개발하고 업체와 협력하여 양산하는 주된 역할을 한다. 저자도 국방대학원 재학 시 레이다 분야의 연구용역을 수행하면서 국방과학연구소와 협업한 경험이 있다. 그때를 뒤돌아보면 연구개발 특기는 타 특기는 경험하기 힘든 특별한 성취감을 느낄 수 있는 분야 중 하나라고 생각한다.

국방관리분석 특기는 주요 국방 정책 및 사업 등을 분석평가하여 합리적인 의사결정을 지원하는 역할을 한다. 해 특기자는 합참, 연합사, 육본, 교육사 등 분야별 최고 의사결정 제대에서 활용된다. 수행 업무로는 방위력 개선사업, 작전계획, 국방개혁, 경영진단 등 특정 분야에 대한 분석을 통해 최적의 시행 방안을 제공한다. 선발은 중대장 18개월 이수자를 대상으로 석사학위 선발과 연계하여 예비 특기를 부여한다. 예비 특기자로 인력 충원이 제한 시는 수시로 선발한다. 소령 진급 시 확정 분류하고 비선 시는 원래 병과로 복귀한다. 소령~중령 계급 시에는 군단급 이상 제대에서 참모 직위를 이수한 후 정책부서 국방분석 직위에 보직한다. 대령 진급 시는 해 병과 여단장 직위에 보직하며 이후 국방분석을 수행하는 정책부서 과장 직위를 수행한다.

사이버 특기는 국가 주요시설 및 군 네트워크의 사이버 방어와 적대국에 대한 사이버 작전을 수행한다. 초임 장교는 협약대학인 고려대학교와 세종대학교 사이버국방학과 졸업생과 정보보호 특성화대학의 2학년 이상 학생 중 소수(10명 내외)를 선발한다. 하지만 사이버 특기 초임 장교 중 장기복무를 하는 장교는 매우 드물다. 따라서 임관 2년 차 이상인 육군 전 장교를 대상으로 자격을 갖춘 인원을 선발하여 사이버 전문인력으로 활용한다. 이들은 주로 사이버 작전사령부, 정보보호 관련 부서 등에 장기 반복 보직된다.

마지막으로, 기술·기능 전문인력은 육군에서 필요한 전문적 기술, 기능, 특수한 직무 지식이 요구되는 분야에서 활용된다. 세부적으로 정보 전문, 방첩, 시설 전문, 통신 기술 전문 등이 이에 해당한다. 정보 전문 분야는 보안이 요구되는 분야이기에 설명을 생략하겠다. 방첩 분야는 군의 기밀 보호를 위해서 간첩 활동, 내부 스파이 행위, 군사기밀 유출 등을 예방, 탐지, 대응하는 역할을 한다. 대위 기간 선발 과정을 통해서 임명하며 별도의 보직 관리를 받는다. 시설 전문 및 통신 기술 전문은 주간 위탁교육과 연계하여 전문인력으로 임명되며 해당 특기 관련 직위에 반복 보직된다.

　　　　　　　　　　　　　　　군대에서 꿈을 설계하다

❺ 평가체계(근무평정, 360평가, 교육평가 등)란?

평가란 개인의 근무 실적과 잠재역량을 평가하고 피드백을 통해 자기계발을 유도하는 활동을 말한다. 평가 결과는 각종 선발(위탁교육, 장기복무, 해외파병 등) 및 진급심사 시 가장 비중 있게 반영된다. 평가의 종류에는 근무평정, 360도 평가(다면평가), 교육 평가, 리더십 평가 등이 있다.

근무평정

근무평정은 육군에서 실시하고 있는 평가 중에서 가장 중요하다. **현역으로 복무하는 전 기간에 걸쳐 연 2회 평가되고 거의 모든 선발 과정에 반영된다.** 심지어 전역 후에 예비군 지휘관 선발 시도 반영된다. 그만큼 장교에게는 성실 근무를 유도하는 강력한 동기 유발 방법이다.

근무평정은 육군의 인재상인 올바름(품성), 유능함(전문성), 헌신에 근거하여 평가 요소를 구성한다. 평가 요소는 육군의 리더십 모형에 근거하고 있다. 육군의 리더십 모형은 '올바르고 유능하며 헌신하는 전사'가 갖춰야 할 핵심 자질을 품성, 리더다움, 군사 전문성, 역량개발, 이끌기, 성과 달성이란 6대 범주로 구체화한 모델이다. 구체적으로 설명하면, '품성'은 육군 가치관과 군인정신, 윤리의식, 공정성을 바탕으로 한 올바른 인격과 군인으로서의 기본 소양을, '리더다움'은 리더십의 본질과 도덕적 용기, 헌신을 포함한 리더의 태도를 의미한다. 또한 '군사 전문성'은 군사 지식과 실무 능력을, '역량 개발'은 자기 주도적 성장과 부하·조직 개발 능력을, '이끌기'는 부하와 조직을 효과적으로 리딩하는 소통·동기부여 능력을, 마지막으로 '성과 달성'은 목표 실현과 조직 발전을 위한 책임감과 결과 중심의 사고를 의미한다. 근무평정은 6가지 범주를 기반으로 한 전인적 리더십 역량을 함양함으로써 군 조직의 효율성과 전투력을 극대화하는 것을 목표로 한다.

근무평정은 1, 2차 상급자에 의해 이루어진다. 예를 들어 소대장의 경우 1차 평가자는 중대장, 2차 평가자는 대대장이 된다. 1차 평가는 절대평가로 누구나 성실한 근무태도를 가지면 '우수' 평가받을 수 있다. 하지만 2차 평가의 경우 상대평가로 30~50%만 '우수' 평가받는다. 그렇다고 1차 평가가 쉬운 것은 아니다. 오히려 절대평가에서 우수 평가를 받지 못하면 군인으로서 자질에 문제가 있다고 판단한다. 따라서 1차, 2차 평가 모두 우수하게 평가받기 위해서는 평상시의 한결같은 근무태도는 물론, 동료·부하 애(愛)를 통해 매사 최선을 다해야 한다.

근무평정은 전반기 평정과 후반기 평정으로 구분한다. 평가 요소는 동일하며 평가자는 기준일(2.1, 8.1)에 보직된 상급자로 지정된다. 평가 결과는 부분적으로 공개되지만 대부분은 비공개된다. 그러나 상위 계급으로의 진급심사 그해 연도에는 현 계급의 누적된 근무평정 결과가 공개되어 그동안의 본인에 대한 상급자의 평가 경향과 경쟁그룹 내에서 본인의 위치를 알 수 있다. 그렇다고 어느 상급자가 어떻게 평가했는지는 알 수 없다.

매년 2회씩 누적된 근무평정 결과는 다양한 선발 시 활용된다. 특히, 모든 계급 진급심사 시 가장 높은 비중으로 반영된다. 위관장교 기간에는 장기복무자 및 복무연장자 선발 시, 국내·외 위탁교육 선발 시, 전문인력 선발 시, 해외파병 선발 시에 모두 반영된다. 영관장교 기간에는 육군대학 1년 과정 선발 시, 국외 군사교육 선발 시, 고급 합동 과정(중령) 선발 시, 무관 선발 시, 중요 직위 보직 시 등 광범위하게 활용된다.

앞서 설명했듯이, 근무평정은 군 생활 성적표이자 군인으로서의 진로 설계와 경력관리를 위해서 가장 중요한 요소이다. 그렇다고 **근무평정의 각 평가 항목에만 집착하여 목표 달성에 급급하고 진정성이 결여된 복무 자세는 오히려 부정 평가로 이어질 수 있다.** 평가자들은 그러한 모습을 정확히 보기 때문이다. 따라서 매사 주어진 임무에 충실하고, 어려운 상황이 있으면 남들

보다 시간과 노력을 더 투자하며, 부하와 동료에게 진심으로 다가서면 좋은 평가는 뒤따르게 된다. 이러한 조언은 필자가 30여 년 동안 평가자의 역할과 근무평정 결과를 분석하는 직위에 근무하며 축적한 경험을 바탕으로 한 것이다. 꼭 명심하기를 당부한다.

360도 평가

360도 평가(다면평가)는 개인의 품성과 협업 능력 등에 대해 다각적 관점에서 평가하는 체계이다. 결과에 대한 피드백을 통해서 육군의 핵심 가치 중 하나인 '상호존중'을 실천케 한다. 최근 직장 상사에 의한 갑질 문화는 사회적 이슈를 넘어 국가적 문제로 대두되고 있다. 특히, 군대의 갑질 문화에 대한 국민의 시각은 더욱 민감하다. 따라서 이러한 권위주의를 탈피하고 상부 지향적인 군대문화를 개선하는 것이 다면평가의 시행 취지이다.

상급자 주도의 근무평정과는 다르게 동기 그룹, 후배 그룹에 의해 평가가 진행된다. 평가 결과는 평가 대상자 개인에게만 공개되며, 진급심사를 포함한 다양한 육군 선발 시 반영된다. 평가 요소는 육군의 리더상인 올바름(품성), 유능함(전문성), 헌신 분야이다. 분야별 무작위로 선정된 동급자 및 하급자 그룹으로부터 평가받는다. 일부 하급자에 의한 왜곡된 평가가 있을 수 있기에 검증 절차도 철저히 시행한다. 360도 평가는, 장교는 대위부터 대령까지, 부사관은 상사부터 원사까지를 대상으로 한다. **평가 결과는 진급심사는 물론, 위탁교육 및 전문 교육과정 선발 시까지 폭넓게 활용된다.** 특히, 진급 심사에는 최근 3년간의 평가 결과가 누적되어 반영된다.

360도 평가는 최초 영관급 장교만을 대상으로 실시되다가 현재는 대위 및 상·원사 계급까지 확대되어 시행하고 있다. 이러한 추세는 이 제도가 바람직한 군대문화 정착에 긍정적 효과를 발휘하고 있음을 말해 준다. 근무평정 결과는 우수하나 다면평가 결과가 좋지 못하다는 것은 상급자에게는 잘하되, 동료 및 하급자에게는 인색하다는 의미이다. 2025년부터 개인에게 평가 결과가 피드백되고 있다. 피드백에 근거한 개인의 노력이 더해지면 육군 문화는 더욱 바람직하게 정착될 것이다.

교육 평가

육군에서 규정하는 교육은 '군사교육'과 '전문교육'으로 구분한다. 군사교육은 육군 구성원의 전문성, 직무능력을 향상시키기 위해서 군사교육기관에서 실시하는 교육을 의미한다. 반면 전문교육은 전문인력으로 활용할 자를 대상으로 국내·외 대학 및 민간 전문기관, 국외 군사교육기관 등에서 실시하는 교육을 말한다.

먼저 군사교육은 '공통 이수 교육'과 '본인의 희망에 따른 선발 교육'으로 구분된다. 먼저, 공통 이수 교육으로는 임관 및 진급 시 이수해야 하는 계급별 지휘참모 과정, 정책실무 및 관리 과정이 있다. 이 과정 중 신임장교 지휘참모 과정(초군반), 대위 지휘참모 과정(고군반), 소령 지휘참모 과정(육군 대학)은 특히 중요하다. 과정 교육성적이 구체적인 서열로 관리되며, 상대평가를 통해서 성적이 '탁월', '합격', '불합격'으로 진급심사에 반영된다. 그 외 중령 및 대령 지휘관리 과정은 진급에 따른 상위직위 역량 제고를 목표로 하여 경력관리 상에서 중요성은 낮다. 다음으로, 본인의 희망과 선발 과정을 통해 이수하는 합동 고급과정 및 국방대 안보과정은 진급심사에 직접적으로 반영되지는 않고 잠재역량 평가 시 긍정적 요소 수준에서 관리된다.

다음은 전문교육으로 '전문학위 교육'과 '국외 군사교육'으로 구분한다. 전문학위 교육은 국내·외 민간 대학 및 국방대학교에서 취득할 수 있는 박사, 석사, 학사학위 과정을 의미한다. 전문학위 교육은 육군에서 지정한 기간 내

     군대에서 꿈을 설계하다

학위 취득 여부가 중요하다. 특히, 전문인력을 희망하는 장교에게 있어서 석박사 학위 취득은 전문인력으로 확정 임명과 진급심사 시 결정적 역할을 한다. 반면, 국외 군사교육은 해당 교육과정을 정상적으로 수료하면 개인 경력관리에 문제가 없다. 교육 목적이 외국군 교리 습득도 있지만 다양한 인적 네트워크 형성과 견문 확대를 통한 해외지역 전문가 양성에 있기 때문이다.

종합하면, 교육평가는 누구나 대등한 조건에서 이루어지기에 고위 장교로서의 꿈을 키우는 독자들은 최선의 결과를 내야 한다. 특히, 대위 및 소령 지휘참모 과정에서는 최고의 성적을 받아야 한다. 성적서열 30% 이내인 "탁월" 평가를 받을 경우, 진급심사 시 교육평가 요소에서 최고점을 받는다. 교육성적 외에도 교육기관에서 교육생 상호 간에 느꼈던 개인별 장·단점이 군 생활 내내 따라다니는 경우가 많다. 즉, 야전부대 및 정책부서에서 중요 직위 내정자를 결정 시 비공식적이지만 후보자에 대한 다면평가를 실시한다. 과거 후보자와 같이 근무했던 인원들을 대상으로 개인 업무역량과 관계성을 평가하여 선발시 활용한다.

그 이외의 군사교육은 성적보다 교육 수료에 의의를 두면 된다. 폭넓은 군사 지식 함양은 물론, 동료들과 의미 있는 시간을 보낼 것을 추천한다. 모든 군사교육에 최선을 다해 최고의 성과를 내는 것도 중요하지만, 군 복무도 선택과 집중을 통해 일부 과정은 재충전의 시간으로 활용할 것을 권장하는 바이다.

기타

앞에서 언급했던 정규 평가 외에도 지휘관 보직 시 전투력 측정, 전술훈련 평가, 리더십 평가, 성 감수성 평가 등을 실시한다. 전투력 측정이나 전술훈련 평가는 지휘관으로서 전투준비태세 유지를 위한 재임 기간의 노력 정도를 평가하는 것이다. 이는 상급 지휘관이 평가하는 근무평정에 영향을 미치며, 진급심사 시는 잠재역량으로 반영된다. 반면에 리더십 평가나 성 감수성 평가는 개인의 지휘 참고 자료로 활용하기 위해 개인의 역량을 평가하는 것이다. 따라서 평가 결과에 대한 피드백을 제공하는데 의미를 갖고 진급심사나 각종 선발 시는 활용이 안 된다.

❻ 진급 관리 체계

진급심사 체계 설명에 앞서, 육군의 진급심사는 타군은 물론 민간 기업에서도 벤치마킹하려 할 정도로 매우 공정하고 체계적이다. **4심제 심사(갑·을·병 추천위원회 + 선발위원회), 블라인드 평가(인적 사항 미공개), 다면평가 등이 대표적이다.** 이를 통해 능력 중심의 진급심사로 투명성과 공정성을 높였다는 외부 평가를 받고 있다. 특히, 소령~대령 진급심사 시 운영되는 4심제 심사에서 각 위원회는 만장일치제로 운영이 되다 보니, 변별력 있는 인원이 아니면 선발되기가 어렵다. 이러한 진급심사는 육군본부 인사참모부 예하 진급자료관리과에서 담당한다. 별도의 진급 선발 센터를 운영하면서 계급별 2~3주간의 진급심사를 담당한다.

진급은 상위직위 수행 역량을 가진 인원의 계급을 한 단계 상향시키는 것을 의미한다. 따라서 진급 선발 시 그 역량의 보유 여부를 판단해야 한다. 이때 육군은 군인으로서 올바른 품성을 가진 자, 군사 전문성을 구비한 유능한 자, 솔선하고 헌신하는 자를 고려한다. 이는 육군의 인재상과도 일치한다.

진급은 정상진급, 임시진급, 임기제진급, 명예진급으로 구분하며 공정하고 투명한 진급심사를 위해 평정검증위원회, 진급공석 판단 및 자료검증위원회, 진급선발위원회를 거친 후 최종 선발하는 순서로 진행된다. 정상진급은

 군대에서 꿈을 설계하다

일반적으로 알고 있는 진급을 의미하며, 임시진급은 정상진급으로는 부족한 상위계급 인원을 보충할 수 없을 경우에 적용하며 법무, 치의, 군의병과 장교가 그 대상이다. 임기제 진급은 진급일 기준 2년간의 임기를 보장한 상태에서 한 단계 계급을 진급시키는 것이며, 명예진급은 20년 이상 근속자를 대상으로 전역 신청 시 한 단계 계급을 상향해서 전역시키는 것을 의미한다. 명예진급 대상 계급은 중령, 소령, 상사만 해당한다.

진급자 선발은 표준 평가 요소에 의한 계량적 평가와 질적 평가, 잠재역량 평가를 종합적으로 고려한다. 계량적 평가 요소는 근무평정, 군사교육, 지휘추천, 경력, 체력검정(위관)이다. 근무평정과 군사교육은 앞서 설명했다. 지휘추천은 대령급 이상 지휘관이 해당 부대 진급심사 대상자를 전체로 서열을 부여하는 것으로 근무평정 이상으로 중요하다. 경력은 경력관리모델에서 제시한 필수직위와 선택직위를 규정에 맞게 이수했는지를 확인하는 것이다. 질적평가는 계량적 평가 5가지 요소를 성취난이도에 따라 각각 상, 중, 하로 평가하는 것으로 진급심사 위원이 담당한다. 잠재역량 평가는 개인이 제출한 잠재역량 평가서와 진급자료관리과에서 관리하고 있는 자료를 종합하여 평가한다.

진급심사위원회는 심사 대상 계급에 따라서 3심제, 4심제로 운영된다. **소위, 중위, 대위의 경우 3심제 심사로 갑·을 추천위원회와 최종 선발위원회로 심사를 진행한다. 소령부터는 갑·을·병 추천위원회와 최종 선발위원회로 4심제 심사를 한다.** 소령 진급심사를 예로 들어보자. 먼저 갑·을·병반 추천위원회에서 각각 진급 선발 대상자를 추천한다. 이후 선발위원회에서는 3개 추천위원회에서 동시 추천된 인원은 자동 선발하며, 1~2개 반에서만 추천된 인원은 심의를 통해 최종 선발한다. 이때 각 위원회는 만장일치로 인원이 추천되어야 한다. 이처럼 각 위원회 단위로 철저한 검증을 통해 만장일치로 추천되어야 하므로 진급 선발에 행운은 통하지 않는다. 더군다나 블라인드 평가로 개인의 인적 사항을 감추고 진급심사를 진행하므로 특정인에 대한 봐주기식 심사는 더욱 불가능하다.

AI 시대 육군의 인사관리는?

AI 기술은 육군의 전투수행 방식뿐만 아니라 장교 인사관리 체계에도 적용되어 변화를 주도하고 있다. 기존까지의 육군 인사관리는 국방 전용망을 활용한 데이터 관리과 전용 프로그램을 활용한 인사 운영에 중점을 두었다. 그 결과, 인사 운영의 효율성과 공정성 유지에 한계가 있었다. 특히, 보직 분류나 인재풀 구성에 있어서 주관적 판단이 개입되기 쉬운 구조였다.

육군은 2026년 1월부터 AI 기반의 인사관리 시스템을 구축하여 활용하고 있다. 기존의 단순 전산 처리 중심의 업무 구조에서 벗어나, AI 기반의 다양한 분석 툴을 활용하여 인사 업무가 능률적이고 합리적 방향으로 전환되고 있다. 이러한 변화는 데이터 기반의 정확한 개인 능력 분석과 이에 따른 맞춤형 관리를 가능하게 한다. 여기서 제시하는 스마트 인재관리 시스템 관련 내용은 국방부의 홍보 내용을 기반으로 작성하였다.

❶ 민간 기업의 AI 기반 인사관리

확장성에 제한이 없는 AI 기술은 민간기업의 인사관리체계를 근본적으로 변화시키고 있다. 과거의 인사관리가 채용·평가·보상 등 행정 중심의 기능에

                                                                           군대에서 꿈을 설계하다

머물렀다면, AI 기반 인사관리는 기업 경쟁력의 전략적 핵심 요소로 자리 잡고 있다. 특히 데이터와 알고리즘을 활용한 과학적 인사관리는 개인의 역량 강화는 물론 조직력을 높여 성과를 최대화하는 방향으로 발전하고 있다. 그 사례들은 다음과 같다.

첫째, 데이터 기반 의사결정이다. 기업은 직원의 성과, 역량, 협업 방식, 학습 속도 등 다양한 데이터를 AI로 분석하여 채용, 배치, 승진, 보상에 활용한다. 이를 통해 주관적 판단이나 관행에 의존하던 인사 결정을 객관화하고, 공정성과 예측 가능성을 높이고 있다.

둘째, 맞춤형 인재관리와 역량 중심 인사관리가 강화되고 있다. AI를 활용해 개인의 강점과 잠재력을 분석하여 최적의 직무와 프로젝트를 추천하고, 개인별 학습 경로를 설계하고 있다. 이는 연공이나 직급보다 실제 역량과 성과를 중시하는 문화로의 전환을 의미하며, 빠르게 변화하는 산업 환경에 적응하는 인재를 효과적으로 육성할 수 있게 한다.

셋째, 예측형 인사관리다. AI는 이직 가능성, 조직 몰입도 저하, 번아웃 위험 등을 사전에 예측하여 선제적 대응을 가능하게 한다. 이는 핵심 인재 유출을 방지하고 조직 안정성을 유지하는 데 큰 역할을 한다.

마지막으로, AI와 위원회의 판단을 결합하여 조직 의사결정을 한다. HR 조직은 인공지능을 활용해 방대한 인사 데이터를 분석하고 인재풀을 구성한 뒤, 인간의 판단을 결합한 심의위원회를 통해 최종 선발을 진행하는 혼합형 선발 방식을 채택하고 있다.

이러한 AI 인사관리의 대표적인 선진 사례로 구글(Google)을 들 수 있다. 구글은 인사 데이터를 과학적으로 분석하는 '피플 애널리틱스(People Analytics)'를 선도적으로 도입한 기업이다. 채용 과정에서는 AI와 데이터 분석을 통해 직무 적합성과 잠재력을 평가하고, 직원의 성과와 협업 패턴을 분석하여 팀 구성과 리더 선발에 활용한다. 또한 직원 만족도, 이직 가능성, 성과 요인을 데이터로 분석하여 조직 문화를 지속 개선하고 있다. 이러한 인사관리 방식은 구글이 혁신성과 생산성을 동시에 유지하는 핵심 요인으로 평가받는다.

우리나라의 대표적인 사례 기업으로 삼성전자를 들 수 있다. 삼성전자는 글로벌 사업 환경에 대응하기 위해 AI와 빅데이터 분석을 통해 개인의 역량과 직무 적합성을 고려한 부서 배치와 인적자원 육성을 추진하고 있다. 특히, 데이터 기반의 직무·역량 중심 인사체계를 강화하고, 임직원의 성과·역량·교육 이력 등을 데이터화하여 인사 분야 의사결정에 활용하고 있다.

❷ AI 기반 육군 인사관리 방향은?

국방부는 2018년부터 인공지능을 활용한 "AI 기반의 스마트 인재관리 시스템" 개발 소요를 제기하고, 이후 육군 주도 하 2022년부터 3년간의 개발 과정을 거쳐 2026년 1월부터 운영 중에 있다. 이를 통해서 육군 인사사령부가 담당하는 인사 운영 업무의 효율성과 공정성이 담보된 인사관리 체계를 구현하고 있다. 특히, 기존 의사결정 방식을 벗어나, AI와 빅데이터 분석을 활용한 효율성 위주의 인사 업무로 전환하고 있다.

스마트 인재관리 시스템은 전 장병의 복무 생애주기에 맞춰, 임관부터 전역까지의 데이터를 통합 관리하고 체계적인 인사관리와 업무 혁신을 지원하는 시스템이다. 기존의 인사관리 시스템은 신분별, 기관별 독립된 체계로 운용되어 확장성이 크게 떨어지고 업무 효율성도 낮았다. 모든 업무는 인적 노동력을 투입해야만 진행되는 체계였다. 새로운 체계는 기존의 국방망은 물론이고, 공공기관 데이터 정보 연동, 지원자 정보, 다양한 교육정보 등을 포함하여 확장성을 최대화했다. 물론, 군 전용망이기에 보안 문제로 사회의 HR 네트워크와는 차이가 있다. 육군의 스마트 인재관리 시스템은 인공지

군대에서 꿈을 설계하다

능, 빅데이터, AI 챗봇, RPA(Robotic Process Automation) 등의 플랫폼을 기반으로 인사관리를 지원한다. 이중 RPA는 업무 과정 중 반복적이고 단순한 업무 프로세스에 소프트웨어를 적용, 이 부분을 자동화하여 업무 효율성을 높이는 체계를 의미한다.

스마트 인재관리 시스템은 인재 선발 플랫폼, 인재 양성 플랫폼, 전역 지원 플랫폼, 진급심사 플랫폼으로 구성되어 있다. 먼저, 인재 선발 플랫폼은 간부 선발 과정에서 지원 창구를 만들고 행안쿠 마이데이터와 연동을 통해, 각종 증빙자료 제출을 자동화하여 실무자의 편익을 제공한다. 즉, 지원서 제출 및 접수, 선발심의, 선발 후 조치까지 모든 과정을 자동으로 처리하게 된다.

둘째, 인재 육성과 운영을 담당하는 인재 양성 플랫폼이다. 이는 스마트 인재관리 시스템의 가장 핵심 부분이다. AI, 빅데이터, RPA를 활용하여 인재별 보유 역량을 입체적으로 판단하여 적재적소에 인재 활용 및 보직, 인재 육성을 지원한다. 또한 인사관리 전반에 ICT(Informaiton and Communication Technology, 정보통신기술)를 적용, 반복적인 수기 업무 및 인사 상담 소요를 최소화하여 인사 담당자업무의 업무 여건을 개선했다.

셋째, 전역 지원 플랫폼은 장병 역량과 특성에 맞는 일자리 매칭을 지원하고 전역 예정자의 경력을 국가보훈부, 국방 전직교육원 등과 공유하여 전역 후 취업을 지원한다. 여기서는 개인별 맞춤형 경력 코칭, 일자리 매칭 서비스 등을 지원한다.

마지막으로, 진급심사 플랫폼이다. 진급은 육군과 소속 부대에 대한 기여도를 평가하고 조직의 기강을 유지하는 가장 중요한 요소이다. 이 플랫폼을 통해 진급심사 자료관리, 진급심사위원 인재풀 관리, 진급심사 시행 및 지원, 사후관리 등의 전 과정에 있어서 업무 효율성과 투명성을 높일 것이다.

❸ 미래 인사관리 시스템 하 경력관리 방법

A.I 분석과 심의위원회를 통한 보직 결정

스마트 인재관리 시스템의 인재풀 추천 단계에서는 AI가 지원자 또는 기존 관리 인력에 대한 데이터를 종합적으로 분석한다. 여기에는 근무 경력, 교육 성적, 지휘관 평가, 근무평정 결과 등 정형 데이터뿐만 아니라, 신원조사 내용, 개인별 질적 평가, 다면평가 의견과 같은 비정형 데이터까지 포함될 것이다.

AI는 특정 직책에 적합한 후보자군, 즉 인재풀을 자동으로 추천하게 된다. 이 과정은 기존의 수작업 중심 선발 방식에 비해 신속하고 일관성이 높으며, 개인의 주관이나 경험에 따른 편차를 줄이는 효과가 있다. 다음 단계인 심의위원회를 통한 최종 선발은 AI 분석 결과를 토대로 심사위원의 종합적 판단이 이루어지는 과정이다. 심의위원회는 AI가 추천한 인재풀을 참고 자료로 활용하되, 후보자의 리더십, 직위 적합성, 주변 평가 등 AI가 정량화하기 어려운 요소를 중심으로 심층 검토 후 최고 적임자를 선정하는 절차로 진행될 것이다.

위에서 언급했듯이 중요 직위에 내정되려면 첫 단계인 AI가 선정하는 인재풀에 포함되어야 하고 다음 단계인 심의위원회에서도 선정이 되어야 한다. 그 말인즉, 첫 단계인 인공지능에 의해 선별되기 위해서는 각 개인은 추천 기준에 부합된 자격과 조건을 충족해야 함을 의미한다.

예를 들어 보자. 육군의 인사참모부 총괄장교(**중령 직위**)를 선발하는 경우이다. 기준 조건으로 과거 관련 직위 경험 기간 및 이수 여부, 근무평정 우수자, 진급 적기 대상자(**1~3차**), 주변인 평가 우수자를 조건으로 제시할 경우, 이 중에서 마지막을 제외한 모든 조건이 인공지능에 의해 우수자 분석이 가

　　　　　　　　　　　　　　　　　군대에서 꿈을 설계하다

능하다. 따라서 각각의 고려 요소별 인공지능의 조건 값에 충족되도록 개인은 맞춤형 관리에 신경 써야 한다. 앞으로는 이런 노력이 없으면 중요 직위에서 선발되기란 어려울 것이다.

요컨데, **예상되는 미래 인사관리 시스템 속에서 최선의 경쟁력을 갖기 위해서는 군인으로서의 진로를 조기에 결정하고 이와 연관된 경력관리를 설계하고 실천해야 한다.** 필자가 이 책 전체를 통해 전달하고자 하는 메시지가 바로 이것이다.

인공지능 기반 데이터 분석에 기반한 진급심사

현재 육군의 진급심사 시스템은 앞서 언급했듯이 그 어느 조직보다 공정하다. 다만, 진급심사 자료를 처리함에 있어서 아직 기존 데이터관리체계에 머물고 있고, 진급심사 위원들이 일일이 종합적 판단을 해야 하는 어려움이 있다. 그러나 새로운 시스템에서는 진급심사 대상자에 대한 심사자료 구축이 자동화되어 실무자의 노력이 대폭 절감될 것이다. 또한 진급심사 위원 인재풀 관리 및 선정 등에 있어서 인공지능을 활용하면 업무 효율성과 투명성이 강화될 것이다. 무엇보다 심사대상자의 자력 정보를 인공지능이 입체적으로 비교 분석하여 심사위원에게 제공되면 심사 과정의 신뢰성과 효율성은 비약적으로 높아질 것이다.

이러한 발전은 기존의 큐레이션(Curation, **정보의 구조화**)이 부족한 심사자료에 의존하던 진급심사의 한계를 넘어, 객관성과 예측력을 갖춘 데이터 기반 진급심사를 가능하게 할 것이다. 또한 기존 시스템은 개인의 근무평정, 직무수행 결과, 교육성적 등 정형 데이터 분석에 그쳤다면 새로운 시스템은 개인에 대한 심화한 질적 평가, 각종 평가의 세부 결과 분석, 개인 발전 가능성

등과 같은 비정형 데이터까지 분석이 가능할 것이다. 그러나, 인재 선발에 있어서 인공지능이 가지는 편향성의 오류를 우려하는 전문가들도 많다. 따라서, 이러한 우려가 불식되는 어느 시점까지는 인공지능의 역할은 심사위원회의 의사결정을 지원하는 수준으로 한정될 것이다.

이 책을 접하는 독자들 대부분은 아마 수년 내로 본격적인 진급 경쟁에 들어갈 것이다. 필자는 진급심사 위원으로 선정되어 진급 선발 과정도 경험했었고 육본 및 국방부에서 관련 업무를 직접 수행하였기에 진급심사의 본질을 잘 알고 있다. 따라서 **빠르게 변화하는 인사관리 환경 아래서 독자들이 준비해야 할 몇 가지를 조언하겠다.**

먼저 진급심사 시 가장 핵심 평가 요소인 근무평정 결과가 보다 구체적으로 분석되어 심사위원에게 제공될 것이다. 또한 지금도 현재 계급을 기준으로 2단계 이전 계급까지의 평정 결과가 반영되고 있는데, 그 이전 계급까지 확대될 가능성도 배제할 수는 없다. 예를 들어 중령에서 대령으로 진급 시 근무평정의 경우 중령 70%, 소령 20% 대위 10%의 비율로 각각 반영되고 있는데 중·소위 평정까지 추가 반영될 가능성은 언제든지 있다. 향후 인공지능 기반의 진급심사 체계는 기존의 기본 평가 요소는 물론이고 개인의 잠재역량을 포함한 질적평가까지 세부적으로 분석하여 심사자료로 제시할 것이다. 따라서 **교육 성적, 연 2회씩 평가되는 근무평정, 360도 평가, 체력검정 등은 반드시 꾸준히 관리해야 한다.**

둘째, 진급심사에서는 개인의 질적 평가 요소가 더 주목될 것이다. 따라서 근무평정, 교육성적, 경력평가 등 주요 평가 요소에 더욱 세심한 관리와 노력이 필요하다. 질적 평가의 예를 들어보자. 근무평정은 평가 집단을 구성하여 그중 30%만 상층 평가를 한다. 반면 1인 단독 평가 직위도 동일하게 상층

     군대에서 꿈을 설계하다

평가를 받는다. 이 경우 다수집단 평가와 단독 평가에서 상층 평가를 받을 시 계량적 평가 점수는 동일하나 질적평가 등급(상, 중, 하)에서는 차이가 발생한다. 따라서 필수직위로 이수하는 단독평가 직위를 제외하고는 다수 집단에서 상층 평가를 받도록 노력해야 한다. 교육성적도 마찬가지이다. 단순히 상위 30%로 탁월평가를 받는 것도 중요하지만 질적 평가를 우수하게 받기 위해서는 상위 10% 이내의 교육성적을 받는 것도 중요하다. 물론 우등상 수상을 하면 더할 나위 없이 좋다.

향후 질적평가 부분이 인공지능에 의해 지금보다 세부적으로 분석하여 심사위원에게 제시되면 진급심사 간 질적평가의 반영 비중은 더욱 높아질 것이다.

셋째, 진급심사 시 활용할 수 있는 軍 내부 기관의 자료 범위가 확대될 것이다. 현재는 인사검증위원회에서 실시하는 다면평가(360도 평가), 인사사령부의 진급심사 기초자료 등이 주로 활용된다. 육군은 지휘관을 대상으로 리더십 및 성 인지력 분야, 전투준비태세 등 다양한 부분을 평가하고 있으나 실제 진급심사에서 활용도는 낮다. 그 이유는 자료의 범위가 워낙 방대하고 자료 검증에서의 신뢰성 문제가 대두되기 때문이다. 만약 이러한 분야들이 인공지능에 의해 면밀하게 분석되고, 분석 결과가 손쉽게 생성된다면 진급심사 시 활용성은 높아질 것이다. 따라서 육군에서 실시하는 모든 평가에 대해서는 간과하지 말고 신중하게 임해야 할 것이다.

마지막으로, 진급심사 시 제공되는 軍 외부 기관의 자료가 증가 될 것이다. 스마트 인재관리 체계는 행안부를 비롯한 일부 외부 기관과 데이터 연동이 되어서 행정업무를 지원하고 있다. 다만, 현재는 아주 한정적 수준으로 데이터 공유가 된다. 하지만 미래 어느 시점에서는 진급심사에서 긍정적 또는 부정적으로 활용될 수 있는 다양한 정보가 제공될 것이다. 예를 들면, 단순 법규 위반 사항이나 승인 없는 출국 기록 등이 본인의 신고가 없이도 확인될 것이다. 따라서, 군인으로서뿐만 아니라 대한민국 국민으로서도 항상 모범적인 행실을 유지해야 한다.

AI에 의한 개인 평가 피드백과 업무역량 제고

AI 기술의 인사관리 체계 접목은 평가 방식을 '결과 중심 평가'에서 지속적인 '성장과 역량 강화 중심 평가'로 변화시키고 있다. 특히 AI 기반 개인 역량 피드백은 일회성 절차가 아닌, 개인의 업무역량을 지속적으로 발전시키는 요소로 작용하고 있다.

최근 행정업무의 디지털 전환과 관련 기술 변화가 가속화되면서 다른 분야의 업무역량을 함양하는 리스킬링(reskilling)과 현재 분야에 업무수행 능력을 높이는 업스킬링(upskilling)이 필수 과제로 떠오르고 있다. **AI에 의한 피드백은 개인의 역량과 직무 요구를 분석해 맞춤형 리스킬링 및 업스킬링 기회를 추천함으로써 인재 육성과 자기계발 정책에 새로운 전환점을 제공하고 있다.**

이러한 기술적 발전과는 별개로, 현재 장교 개인이 받을 수 있는 피드백 기회는 매우 한정되어 있다. 인사사령부의 병과 담당장교와 상담을 통해서 개인의 부족한 부분이나 향후 경력관리에 대한 조언을 받거나 진급심사 전에 희망자에 한해 근무평정 결과를 공개하여 본인의 계량적 평가점수의 현 위치를 아는 정도의 수준이다. 두 경우 모두 진급을 위한 경력 및 평정 관리에 치중되어 있다.

스마트 인재관리 시스템은 이러한 문제점을 해소함으로써 개인별 맞춤형 코칭을 가능하게 한다. **코칭은 '희망 직위 분야'와 개인의 '경력관리 분야'로 구분되어 제공된다. 특히, 희망 직위 코칭은 개인이 발휘할 수 있는 역량을**

군대에서 꿈을 설계하다

고려하여 직위를 추천해 주고, 직위에 대한 직무 역량 정보를 제공한다. 그리고 현재 개인의 재능 요소(자격증, 경력 직위 등) 보유 현황을 분석해 희망 직위와의 상관성을 분석, 부족한 분야를 피드백해 준다. 개인은 피드백 시 제공된 부족한 분야에 대한 정보를 기반으로 자신의 역량 개발 방향을 명확히 설정하고 실천해야 한다.

Conversational AI를 활용한 면접 및 평가

Conversational AI에 기반한 선발 자동화는 인공지능이 지원자와 자연어 대화를 수행하며 정보를 수집·분석하는 방식이다. 육군의 선발 과정에서 해당 기술을 활용할 경우, 지원자는 AI 면접 시스템과의 대화를 통해 지원 동기, 직무 이해도, 문제 해결 태도, 의사소통 능력 등을 평가받게 된다. AI는 이 대화 과정에서 언어 사용 패턴, 응답의 논리성, 상황 인식 능력 등을 분석하여 표준화된 평가 데이터를 생성한다. 이는 기존의 서류 심사나 단편적인 면접에 비해 보다 일관되고 객관적인 평가를 가능하게 한다.

또한 Conversational AI는 스마트 인재 관리 시스템과 연동되어 효율성을 최대화할 수 있을 것이다. 부연 설명하면, AI는 지원자의 기본 인적 사항, 면접 결과 등을 분석하여 직무 적합도와 개인 역량을 자동 산출하고, 이를 바탕으로 육군에 적합한 인재 여부를 판단하여, 선발 절차는 간소화하되 객관성과 투명성은 높일 것이다. 이 과정은 대규모 지원자를 신속하게 처리할 수 있어, 선발 소요 시간을 단축하고 인사 인력의 행정 부담을 줄인다.

Conversational AI를 활용한 면접 및 평가는 기존의 질의응답식 방법과 달리, 지원자와의 상호 대화 과정을 통해 개인 가치관, 사고 방식, 구술 능력을 종합적으로 평가하는 방식이다. 따라서 이러한 **면접방식에는 단순히 예상 질의응답을 암기하는 접근보다, 자신의 사고를 논리적으로 일관되게 표현**

하는 능력을 기르는 것이 중요하다.

우선 Conversational AI 면접의 특성을 이해하는 것이 필요하다. AI는 질의응답 내용뿐만 아니라 체계적인 논리 전개, 유사 질문에 대한 일관성 등을 함께 분석한다. 이에 따라 지원자는 질문의 의도를 파악한 뒤 핵심 내용을 우선 제시하고 이를 부연 설명하는 습관을 길러야 한다. 또한 일관성 있는 답변을 유지하는 것이 중요하다. AI 면접에서는 유사한 형태 또는 의미의 질문이 다양한 형태로 반복 제시될 수 있다. 따라서 나의 가치관, 미래 목표, 지원 동기나 자신의 강점과 같은 기본적 요소는 미리 정리해 두고 질문 방식이 달라지더라도 동일한 메시지를 전달할 수 있어야 한다.

결론적으로, Conversational AI를 활용한 면접 및 평가에 대비하기 위해서는 정해진 답변을 준비하는 것보다, 일관된 사고 구조와 논리적인 표현, 그리고 성실한 태도를 갖춘 대화 능력을 체계적으로 준비하는 것이 중요하다.

   군대에서 꿈을 설계하다

24개의 병과!
나만의 경력 설계로
승부하라

병과에 대한 설명에 앞서

육군은 8개의 전투병과, 5개의 기술병과, 4개의 행정병과, 7개의 특수병과로 구성되어 있다. 24개의 다양한 병과가 유기적으로 통합되어 하나의 대부대를 형성한 것이 육군이다. 즉, 작게는 하나로, 많게는 24개의 병과의 조합에 의해서 소대급 제대부터 작전사령부까지의 대부대가 만들어진다. 각 병과는 고유한 임무와 역할을 가지고 있으며, 요구되는 능력과 인재상 또한 차이가 있다. 따라서 장교로서 자신의 역량을 최대한 발휘하고 장기적 안목의 경력을 설계하기 위해서는, 각 병과의 특성과 발전 방향을 정확히 이해하는 것이 무엇보다 중요하다.

병과 선택은 단순한 진로의 문제가 아니라, 앞으로 수행하게 될 임무의 성격과 요구 역량, 그리고 계급별 성장 경로를 결정짓는 중요한 출발점이다. 어떤 병과에서는 강인한 체력과 현장 지휘 능력이 중요한 장점이 될 수 있고, 또 다른 병과에서는 분석력, 기술 이해도, 또는 조정·협업 능력이 강점으로 작용할 수 있다.

필자는 병과 별로 해 병과 장교가 갖추면 유리한 장점, 병과 특성과 주요 수행 과업, 그리고 계급별 이수 직책과 이를 위한 개발 역량 등을 체계적으로 살펴보려고 한다. 이를 통해 초급장교 및 장교 양성 과정에 있는 후보생들이 각 병과를 다각적으로 이해하고, 자신의 강점과 미래 경력을 보다 주도적으로 설계하는 데 도움이 되기를 기대한다.

  군대에서 꿈을 설계하다

보병, 전장을 점령하는 주력 병과

보병병과는 제병협동작전의 주체로 타 병과 및 타군, 연합군과 협조된 가운데 지상 작전을 주도한다. 또한 소부대부터 대부대 지상작전을 계획하며 모든 지상작전 수행 시 참여한다. 따라서 육군 장교 중 보병 장교의 비율이 제일 높고 매년 가장 많은 인원을 임관시킨다. 전체 임관 인원의 약 1/3이 보병 장교인 만큼 대장(4성 장군)을 포함한 고급장교로 가장 많은 인원이 진출한다.

❶ 어떤 장점이 있으면 꿈을 펼치기에 유리할까?

사실 여기서 필자가 제시하는 내용은 단지 보병 장교에게만 한정되는 것은 아니다. **모든 병과의 장교가 가져야 할 역량이라 할 수 있다.**

먼저, 포용적 리더십과 주도적 리더십을 동시 겸비하는 것이다. 소대장으로부터 사단장 이상의 고위급 지휘관까지 꼭 필요한 사항이다. 포용적 리더십을 가진 리더는 다양성을 존중하고 소수의 구성원 목소리에 귀 기울이며 공정성을 중시한다. 군대는 다양한 생각과 특성을 가진 인원들로 구성되어 있다. 이러한 인원들을 잘 통합해 단결하는 부대를 만드는 것은 그 무엇보다 중요하다.

반면, 주도적 리더십을 가진 리더는 모든 결정을 주도하며, 명확한 지시를 내리는 지휘관을 의미한다. 이는 긴급하거나 위기 상황에서 효과적으로 대처할 수 있는 장점이 있다. 전투 현장은 그야말로 아비규환이다. 이런 상황에서 신속한 상황판단과 결심은 부하의 생명은 물론 나의 생명을 살리는 최선의 길이라 생각한다.

필자가 생각하는 최고의 지휘관은 전시와 평시 임무를 모두 완벽히 수행할 수 있는 리더 역량을 가진 장교이다. 다시 말하면, 평시에는 포용적 리더십을 통한 부대 단결과 완벽한 전투준비태세를 완비하고, 전시에는 주도적 리더십을 통한 일사불란한 지휘통제로 위기 상황을 극복하는 지휘관이 최고의 리더이다.

둘째, 다양한 부서의 업무를 통합할 수 있는 총괄 능력이다. 소령 이상 보병 장교는 다양한 병과와 제반 기능을 통합하여 훈련, 작전 등을 수행하는 총괄 직책을 수행한다. **총괄 직책을 수행하기 위해서는 전략적 사고, 소통 능력, 협업 능력, 유연성이 필요하다.**

먼저 전략적 사고란 조직의 장기적 목표와 각 부서의 역할을 연결해 전체적 흐름을 파악하는 것으로 한마디로 '나무보다는 숲을 보는 능력'이다. 둘째, 소통 능력은 역지사지의 태도로 부서별 고충과 니즈를 파악하여 의사결정 시 반영하는 자세를 말한다. 또한 의사결정 사항을 각 부서의 이해관계자에게 명확하게 전달하고 그에 대한 피드백을 수용하는 것이다. 셋째, 협업 능력은 부서간 이해관계가 충돌할 때 중립적 입장에서 조정하고 타협안을 도출하여 조직의 목표 달성에 동참하게 하는 능력이다. 마지막으로 유연성은 부대 여건 및 업무환경 변화에 빠르게 대응하기 위해 민첩한 의사결정을 하는 것이다.

이러한 총괄 능력은 하루아침에 갖춰지지 않는다. 초임장교 시절부터 단계적으로 체득해야 한다. 먼저, 소규모 제대에서 소규모 인원을 대상으로 실천하자. 그 후 상급 계급으로 진출 함에 따른 상급 제대에서 확장된 조직을 대상으로 실천해 보자, 그러다 중령 정도의 계급이 되면 본인도 모르게 총괄 능력은 여러분들의 업무 자세에 배어들어 있을 것이다.

마지막은 체력과 운동능력이다. 보병은 적과의 근접전투를 해야만 하고 이때 가장 중요한 것은 전투기술뿐만 아니라 이를 지속할 수 있는 체력이다. 개인의 기초 체력은 생과 사를 다투는 전투 현장에서 나를 살리고 부하를 살리는 역할을 한다. 다행스럽게도 기초체력은 개인의 노력 여하에 따라서 그 수준이 결정된다. 일일 체력단련 시간이나 일과 외 시간을 활용해 꾸준한 노력을 한다면 체력 분야에서는 최고의 자리에 오를 수 있다.

보병은 병과 특성 상 팀워크를 향상하고 체력을 증진할 수 있는 축구, 풋살 등의 집단 구기 운동을 많이 한다. 따라서 한두 가지 구기 운동 종목은 미리부터 준비하는 것도 좋다.

❷ 보병이 수행하는 과업과 요구되는 능력은?

보병은 지상 전투를 수행하는 제병협동작전의 주체로 도보 부대, 차량화 부대, 기계화 부대를 주축으로 전투 임무를 수행한다. 또한 대규모 전투 임무를 효과적으로 수행하기 위해 타 병과 및 타군, 연합군과 협조된 작전계획을 수립하고 이를 주도한다. 최근 첨단 무기체계 중심의 전투가 이루어지면서 보병의 역할에 대해서 궁금증을 던지는 사람이 많아졌다. 그 역할이 과거 전장에 비해 축소된 것은 사실이다. 하지만 러시아-우크라이나 전쟁을 살펴보면 보병의 중요성은 여전함을 알 수 있다. 양측은 포병과 미사일, 드론을 활용한 원거리 타격 위주의 전장 환경을 조성하였으나, 도시 지역, 산악 지역, 참호 지역에서는 보병이 제 병과를 주도하여 전투를 이끌고 있다. 즉, 보병은 근접전을 통해 핵심 지역을 확보하고 이를 거점으로 새로운 전선을 형성하는 핵심 역할을 하고 있다. **보병은 지상 전투를 통해 단순히 적 부대를 격멸하는 차원을 넘어, 확보한 지역을 실제로 통제하고 안정화하는 핵심 전력이다.** 전차부대가 전선을 돌파하더라도, 보병이 뒤따라 지역을 장악하고 안정화 작전 임무를 수행하지 않으면 영토 확보는 일시적인 성과에 그칠 수

밖에 없다.

다변화되는 전장 환경 속에서 보병 장교에게 요구되는 역량 수준은 더욱 높아지고 있다. **보병 장교는 제병협동 작전을 수행할 수 있는 전투부대 지휘관으로서의 역량을 갖추는 한편, 다변화·고도화되는 무기체계를 이해하고 운용할 수 있는 능력 또한 겸비해야 한다.**

❸ 보병 장교의 경력관리 방법은?

보병 중·소위는 소대장 및 대대급 참모장교 임무를 수행한다. 이를 위해서 **소대 전투지휘 및 분대 훈련지도 능력, 강인한 체력 및 정신력, 병영생활 지도 능력, 전장 리더십, 편제장비 운용 능력 등이 요구된다.** 육군은 이러한 능력을 구비시키기 위해 보병학교에 4개월 과정의 신임장교 지휘참모 과정과 보수교육 과정을 편성한다. 초임 장교들은 이 과정들을 수료함과 동시에 전투부대 소대장 및 참모 임무를 수행한다.

중위 계급에서 전문인력을 희망하는 장교는 주간 석사 위탁교육에 지원할 수 있다. 위탁교육 선발과 동시에 예비 전문인력으로 임명한다. 이 외에도 장기복무자는 외국어 교육과정(영어, 제2외국어)과 국외 군사교육(미.보병학교 등)에 지원할 수 있다.

보병 대위는 중대장 및 대대 참모, 사·여단 참모부 실무자로 임무를 수행한다. 요구되는 역량은 중대 지휘통제 및 참모 실무 능력, 강인한 체력 및 정신력, 리더 역량, 편제장비 운용 능력 등이다. 대위로 진급 시 5개월간의 대위 지휘참모 과정을 통해 필요한 역량을 함양한다. 군사교육 외에도 전문학위 취득 기회를 가질 수 있다. 1차 중대장 직위를 이수하면 주간 석사 과정에 지원할 수 있다. 선발되면 별도의 보직 없이 2년간의 수학 기간을 보장해 준다. 학위 취득 후 일반형 장교로 계속 근무하거나 전문인력 예비 특기자로

　　　　　　　　　　　　　　　　　　군대에서 꿈을 설계하다

임명된다. 해외 군사교육으로는 미국 보병학교 고군반 과정에 매년 10명 내외를 선발하여 7개월의 과정으로 교육 파견한다. 또한 프랑스, 독일, 일본, 스페인, UAE, 사우디아라비아, 인도네시아 7개국 고군반에도 매년 1명씩 선발하여 해외 교육 기회를 부여한다. 이 외에도 전투병과를 대상으로 하는 국외 연합교리 과정(민사작전, 인사, 심리전, 리더십 등)에 지원할 수 있다.

보병 대위는 해 계급에서 필수직위 2개와 선택직위 2개를 이수해야 한다. 필수직위 이수는 사단급 이하의 서로 다른 부대에서 중대장을 2회 수행하는 것으로, 각 직위는 각각 18개월 내외로 근무한다. 선택직위는 야전부대 참모부 실무자, 병과학교 교관 및 훈육장교, 전속부관, 해외 파병부대 참모, 3차 중대장 등의 보직 중에서 2개 직위를 수행하는 방식으로 이루어진다. 이러한 절차로 필수 및 선택직위를 모두 이수하면 진급심사 간 경력평가 시 '우수' 평가를 받는다.

대위 보직을 이수함에 있어 경력평가는 물론이고, 소령 이상의 경력관리에 도움이 될 수 있다면 금상첨화일 것이다. 필자의 실무 경험을 바탕으로, 대위 기간 가장 이상적인 경력관리 방향을 제시하고자 한다. 본 내용은 전 병과에 공통으로 적용되는 사항이므로 반드시 숙지하여 주기 바란다.

진급과 근무 경력, 두 가지 측면을 고려했다. 먼저, 진급과 연계된 경력관리이다. 진급심사 시 경력관리와 연관되는 평가 요소는 '근무평정'과 부대장이 평가하는 '지휘추천'이다. 근무평정은 앞서 언급했지만 진급심사 평가요소 중에서 가장 배점이 높고 심사위원도 비중 있는 변별요소로 활용하는 분야이다. 따라서 근무평정에서 최대한 다수의 상층 평가를 받아야 한다. 이를 위해서 성실 근무는 당연하고 이와 함께 평가 여건을 유리하게 조성하는 것은 너무 중요하다. 즉, **근무 제대의 잦은 변경을 지양하고, 동일 지휘관에게 반복 평가를 받을 수 있도록 동일 제대에서 2개 이상 보직을 이수하는 것이다. 특히 우수 근무자로 주요 직위에 선발 보직되어 두 차례 이상 직위를 이**

수할 경우 그 결과는 더욱 좋을 것이다. 예를 들면 여단급 이상 제대에는 대위 편제 직위 중 중요 직위가 2~3개 있다. 일반적으로 이 직위는 부대 전입 1년 차 이상 장교 중 우수자를 선발해서 보직한다. 해당 직위에서 성실히 근무하면 당연히 상대평가에서 상층 평가를 받는다. 여기에 더해, 진급심사에 앞서 각 제대 지휘관이 실시하는 지휘추천에서도 높은 서열을 받으면 상위 계급으로 진급될 가능성은 더욱 높아진다. 내용을 종합하면, 여단급 또는 사단급 참모부서에서 2개 직위 이상을 이수하되 중요 직위 보직을 병행하는 방법이 진급을 위한 최선의 경력관리라 생각한다.

다음은, 상위 계급 진출시 경력관리를 고려한 보직 관리다. 상식적으로 생각하더라도 **동일 제대 내 복수 직위 이수보다, 서로 다른 상위 제대에서 각각의 직위를 이수하는 것이 인적 네트워크를 확장하고 업무 경험의 폭을 넓히는 데 보다 효과적이다.** 예를 들어, 여단 참모부서에서 2개 직위를 하는 것보다 여단 참모부에서 1개 직위, 사단 참모부에서 1개 직위를 하면 업무의 폭도 넓어지고 인적 네트워크도 확대된다.

필자가 앞에서 제시한 진급을 고려한 경력관리와는 일부 상충되는 측면이 있다. 하지만 이 두 요소를 잘 고려하여 대위 기간 보직을 설계해야 한다. 대부분 경우, **부대에 헌신하는 장교라면 누구나 진급은 물론 미래를 위한 경력관리라는 두 가지 목표를 모두 달성할 수 있다.** 한가지 사례를 들어보자. 중대장 보직을 이수한 A대위는 소속 여단에서 인사장교 보직 후 중요 직위인 작전장교로 선발되어 1년간 근무하였다. 작전장교는 해 직위에서 진급 시까지 2년 근무를 할 수도 있었으나 상급 부대인 사단의 중요 선발 직위인 정규전 작전장교로 보직을 이동 후 해 직위에서 진급하였다. 이 사례는 진급을 위한 근무평정과 지휘추천은 물론, 향후 경력관리까지도 종합적으로 고려한 것이다.

　　　　　　　　　　　　　　　　　　　　　군대에서 꿈을 설계하다

보병 소령은 주로 사단급 이하 제대에서 중간 관리자 또는 핵심 실무자 역할을 하는 허리와 같은 존재이다. 소령의 인재 양성 목표는 제병협동, 합동 및 연합작전 수행 분야에 전문성을 함양하고 지휘관 및 참모 역량을 배양하는 것이다. 이를 위해서 **필수과정으로 소령 지휘참모 과정을 이수해야 하며, 전문학위 및 국외 군사교육 과정에 지원할 수 있다.** 먼저, 소령 진급자는 진급 1년 차에 육군대학에서 소령 지휘참므 과정을 이수한다. 소령이면 누구나 이수해야 하는 6개월 단기과정과 소령 진급자 중 선발 과정으로 운영되는 1년 전문과정으로 구분한다. 1년 전문과정은 주로 1~3차로 진급한 전투병과 장교 중 우수자를 대상으로 선발한다. 교육 내용 측면에서 단기과정은 전술 제대 지휘관, 참모 능력을 배양하고 작전술 제대에서 임무 수행이 가능한 수준으로 교육한다. 전문과정은 전체적인 교육내용에서 단기과정과 큰 차이는 없으나, 심화된 합동작전 수행능력 배양을 위한 교육시간이 추가로 편성되어 있다. 전문학위 교육으로는 보병 장교 중 전문인력 예비 특기자를 대상으로 박사학위 교육 기회가 부여된다. 박사과정 선발 시 3~4년의 교육 기간이 부여되며, 전문인력으로 확정되어 별도의 경력관리를 받는다.

국외 군사교육은 일반형 장교를 주로 선발하며 다양한 과정이 있다. 연합작전 수행 및 해외지역 전문가를 양성하기 위한 해외 지휘참모대학(19개국)과 미.합동참모대학 및 지휘참모대학 교육과정, 직능별(인사, 군수 등) 병과 학교 교육 등이 있다. 보병의 경우 미국 합동참모대학 및 지휘참모대학을 수료한 장교들이 연합작전 분야에서 두각을 나타낸다. 하지만 해 교육과정은 경쟁률이 높고 입학 후 학업 난이도 역시 상당하여, 높은 수준의 영어 능력이 요구된다. 향후 작전 특기를 희망하는 장교들이 다수 지원한다. 저자는 소령 2년 차에 미국 사우스캐롤라이나주에 있는 모병 학교에서 인력획득 과정을 수료하였다. 5개월간의 기간이었지만 미군에 대한 이해는 물론, 다양한 인적 네트워크를 가질 좋은 기회였다. 16년이 지난 지금도 몇몇 미군 장교와 연락은 계속되고 있다. 미국 외에도 다양한 국가의 지휘참모대 과정(1~2년)에 입교하여 본인의 꿈을 설계하는 이들이 있다. 이 과정을 통해 특정 국가에 대한 지역 전문가로 양성되며, 중령 진급 이후 해당 국가 무관 직위에서 임무 수행하는 장교도 다수이다.

보병 소령은 대대 작전과장 또는 교육기관 교관을 필수직위로, 참모 2개 직위를 선택직위로 이수해야 한다. 선택직위에는 사단급 이상 제대의 실무자, 여단급 제대의 참모, 대대 작전과장, 학교 기관의 교관, 일부 지휘관 직위 등이 포함된다. 필수직위인 대대 작전과장을 이수하고 나면 개인 희망에 따라 사·여단급 이상 부대의 참모부 실무직위, 정책부서 실무직위로 지원이 가능하다. 그러나 정책부서나 작전사령부에는 소령 직위가 한정되어 소수의 인원만 보직할 수 있다. 군단 참모부는 중령이 과장 직위를 수행하고 소령은 실무를 담당하기에 타 제대에 비해 소령 직위가 다수 있다. 사단 참모부에서는 중령 참모 밑에서 보좌관의 역할을 수행한다. 따라서 사단별 보병 소령 직위는 9개 내외로 많지 않다.

그렇다면 **소령으로서 최적의 보직관리는 어떻게 하면 될까?** 필자는 두 가지를 고려한다. **첫째, 중령 진급을 위한 경력관리 측면이다.** 진급 경력평가 시는 다양한 제대의 근무 경험을 우수하게 평가한다. 하지만 중령으로 진급을 위해서는 동일한 제대에서 2개 이상의 직위를 이수하면서 근무평정과 지휘추천을 모두 우수하게 평가받는 것이 중요하다. 대위와 마찬가지로 소령도 제대별 중요 직위에서 진급은 가장 많이 배출된다. 그러나 사단급 이상 제대에서는 통상 1년 차에 중요 보직을 부여하지 않는다. 최소 1년간의 근무 성과나 업무 자세를 평가하여 중요 직위에 보직 여부를 결정한다. 따라서 **사단급 이상 제대에서 중령 진급을 위해서는 한 제대에서 최소 2개 직위를 이수할 것을 추천한다.** 보병 여단급 제대도 비슷한 여건이지만 좀 다르다.

　　　　　　　　　　　　　　　　　　　　　　　군대에서 꿈을 설계하다

보병여단은 작전과장이 핵심 직위이기에 1년차 소령 자원 중 선발하기도 하지만 외부 자원이 바로 보직되기도 한다.

둘째, 향후 장군 진급을 위한 경력관리 측면이다. 너무 성급한 것이 아니냐는 생각이 들 수도 있다. 하지만 필자는 여러분의 꿈을 실현하기 위한 최선의 방법을 제시해야 하기에 좀 더 설명하고자 한다. 대령에서 장군으로 진급자가 배출되는 제대는 대부분 작전사령부, 정책부서로 한정되어 있다. 물론 군단에서 1명 내외의 진급자가 나오기도 하지만 없는 경우도 많다. 따라서 소수이기는 하나, **소령 편제 직위가 있는 정책부서 또는 작전사령부에서의 근무 경험은 미래를 대비한다는 측면에서 유리하다. 향후 대령 필수직위 이수 후 장군 진급을 시도할 수 있는 직위의 선택지가 넓어지기 때문이다. 특히, 정책부서의 과장 직위는 중·소령 기간에 정책부서 실무직위 근무 경력을 고려하는 경향이 있다.** 아무래도 정책부서의 업무 방식과 조직에 대한 이해도가 높아 적응도가 빠르다 보니, 관리자 관점에서 유경험자를 상대적으로 선호하는 것은 어쩔 수 없는 사실이다. 물론, 보직 초기의 문제이고 3~4개월의 적응 기간이 지나면 업무수행 능력상 큰 차이는 없다. 따라서 독자 본인이 당시 상황에 맞춰 정책부서냐, 작전사령부 부서냐, 군단급 이하 야전부대냐를 잘 선택해서 소령 경력관리를 하길 바란다. 어느 제대 근무를 선택하던 유·불리점은 존재한다.

다음은 중령 기간 보직 관리이다. 중령은 대대장 이수 후 사단급 이상 제대에서 참모 또는 부서장, 정책 담당 실무역할을 수행한다. 중령 진급 시에 직능(작전, 인사, 군수, 동원, 정책, 전력)을 확정하고 이에 따른 인사관리를 받게 된다. 직능 선택은 중령 이후 전역 시까지의 군 복무 방향을 결정짓게 되므로 대단히 중요하다.

중령으로서 요구되는 역량은 400명 내외의 병력을 직접 지휘할 수 있는

리더 역량, 심화한 제병협동 및 합동작전 수행 능력, 연합작전 수행 및 정책 업무 수행 능력 등이다. 중령은 소령 이하 지휘참모 과정과 같은 장기간의 교육과정은 편성되지 않는다. 약 4주 내외의 지휘참모 과정을 의무적으로 받고 희망자 중 선발하여 1년간의 합동 고급과정 기회를 부여한다. 합동 고급과정은 국가안보 및 정책, 군사전략의 이해를 바탕으로 장차 군의 지도자 양성을 목표로 한다. 따라서 많은 인원이 입교를 희망하지만 연간 60여 명만 선발한다.

중령 기간에 국내·외 위탁교육 기회는 대폭 축소된다. 이 기간 전문인력은 해 분야 전문 직위를 이수하고 일반형 장교는 개인 특기(작전, 군수, 인사, 정책, 전력, 동원)가 확정되기 때문에 국내외 학위 위탁교육 편성은 사실상 없다. 다만, 희망자에 한해 육군의 학비 지원 하 민간 대학 또는 국방대학교에서 야간 석사, 박사 학위 과정을 진행할 수 있다.

중령은 필수직위로 대대장과 군단급 이하 부대에서 1개 참모 직위를 수행한다. 이후 선택직위로 중령 실무 1개 직위를 이수하면 경력평가를 우수하게 평가받는다. 선택직위에는 정책부서 및 작전사령부급 부대 실무자, 교관 직위, 일부 지휘관 직위 등이 있다. 중령 직위는 소령 직위보다 융통성이 없다. 대대장 2년은 필수이고 이어서 사단 참모 또는 군단 과장 직위를 수행한다. 그 후는 정책부서 또는 작전사급 부대에서 1~2개 보직을 수행하면서 바로 대령 진급심사에 들어간다.

앞서 대위, 소령 보직 관리에서 언급했듯이 진급심사 연도에는 중요 직위에 보직되어야 진급에 유리하다. **필자가 추천하는 바는 작전사령부급 이상 제대에서 2개 직위 이상을 수행하면서 대령 진급 기회를 보라는 것이다.** 사단급에서 대령 진급은 현실적으로 어렵고, 군단급에서는 통상 1~2개 직위에서 진급이 배출되나 대상자 대비 매우 적은 숫자이다. 작전사령부급 이상은 다수의 보병 중령 장교가 근무하지만, 상대적으로 공석이 다수 고려되어 진급 확률이 높다.

대령은 군단급 이상 부대에서 부서장 직위를 주로 수행한다. 정책부서의 경우, 정책 기획안을 작성하고 이를 시행하기 위해 의사결정권자에게 결재를 진행한다. 따라서 해 분야에 전문성과 다양한 식견은 물론, 타 부서와의 업무 조율 능력은 반드시 갖춰야 하는 역량이다. 또한 고도의 리더십과 올바른 국가관 역시 필수적으로 갖출 요소이다. 작전사급 이하 부대에서는 과장 또는 부서장 임무를 수행한다. 이에 제병협동 및 연합, 합동작전 분야 전문성과 업무 창의성, 리더십이 요구된다.

보병 대령은 국내·외 군사교육과 연수 기회를 가질 수 있다. 국내 군사교육으로는 국방대학교 안보 과정이 있어, 국가안보에 대한 이해를 증진하고 국가정책 수립 능력을 함양할 수 있다. 이 외에도 대령 지휘참모 과정과 대령 정책관리 과정을 통해 야전부대 지휘관 및 참모, 정책부서장 임무수행 능력을 함양한다.

대령은 필수직위인 여단장(18개월 내외)과 선택직위인 사·여단급 참모장 및 군단급 이상 제대의 참모를 이수해야 한다. 통상적인 경력관리 코스로 여단장 직위를 만료 후에 해당 사단에 참모장 또는 군단 참모부의 부서장으로 보직된다. 그 후는 일반적으로 작전사령부의 과장 또는 정책부서 과장 직위로 보직되어 장군 진급심사에 들어간다. 대령 직위에 특별한 경력관리 노하우는 없다. 본인의 전문성과 그간 누적된 평판을 통해서 작전사령부 핵심 과장 직위 또는 정책부서 총괄과장 직위에 선발되어 상위 계급으로의 진출을 노리는 것이 최선이다. 그만큼 개인의 능력과 평판이 중시되는 계급이다.

포병, 지상군 화력지원의 중심 병과

　포병은 보병 다음으로 육군에서 가장 많은 구성원을 갖는다. 전체 임관 인원의 20% 내외가 포병장교이며 대장(4성 장군)까지 진출한다. 최근 러시아-우크라이나 전쟁에서 전통적 화력지원뿐 아니라 첨단 기술과 결합 된 정밀 유도 무기로 무장하며, 전장의 흐름을 좌우하는 병과로 평가받고 있다. 따라서 최근 포병의 중요성이 재차 부각되고 있다.

　사실 최근까지 장교 후보생의 포병병과 선호율이 낮았다. 강원도 전방 지역 위주로 부대가 배치되어 있고 작전 대기가 많다 보니 워라벨을 선호하는 Z세대에는 동기 부여 요인으로 부족했다. 하지만 최근에는 작전 대기 방법을 조정하는 등 부담을 최소화하고 수당도 현실화하는 등의 조치로 복무 만족도는 상승하고 있다. 여기에 포병 장교의 소장 이상 진출률이 점진적으로 높아지고 있다. **최근 전투 양상과 포병장교의 복무 여건 개선 추세, 고급장교로의 진출률을 종합적으로 고려 시 가장 선호도 높은 병과 중 하나로 자리매김 하고 있다.**

❶ 어떤 장점을 가지고 있으면 포병장교로 꿈을 펼치기에 유리할까?

　첫째, 보병과 마찬가지로 포용적 리더십과 주도적 리더십을 겸비하는 것이다. 포병장교는 통상 대위 계급부터 포대장, 대대장, 여단장(대령, 준장), 사단장에 이르기까지 다른 병과에 비해 가장 긴 기간 동안 지휘관 직책을 수행한다. 따라서 포병장교에게 리더십은 가장 핵심적인 역량 중 하나이다. 특히, 포병은 평시 현행작전의 핵심 병과로서 지휘관의 신속한 의사결정과 현장 부대의 정밀한 이행은 반드시 필요한 부분이다. 이때 주도적 리더십을 통해 지휘관은 모든 결정을 주도하며, 명확한 지시를 내려야 한다. 또한 포용적 리더십을 통해 장병의 기본권과 다양성을 존중하면서 자발적 복종을 유도해야 한다.

둘째, 다양한 기능의 업무를 통합할 수 있는 총괄 능력이다. 소령 이상 포병 장교는 포병병과 인원으로만 구성된 대대급 이상 제대의 총괄 직위에 근무하면서, 훈련과 현행작전을 통제하며 부대 관리 전반적 요소들을 확인한다. 따라서 다양하고 복잡한 업무를 조율하는 총괄 능력은 고급장교로 성장하기 위한 핵심 능력이자 조건이다. **총괄 능력은 전략적 사고, 소통 능력, 협업 촉진, 업무 유연성이라 할 수 있다.** 세부 사항은 앞서 설명한 보병병과 내용을 참조하기 바란다.

셋째, 섬세한 업무처리 능력이다. 포병은 화력지원 수단의 정밀타격을 통해 적을 격멸하는 병과이기에 그 어느 병과보다 섬세한 업무수행을 중요시한다. 물론 최근 자주포는 사격통제장치를 활용해 좌표만 입력하면 된다. 하지만 표적처리에 있어서 최초 표적획득부터 표적 분배, 사격, 피해평가까지 신속성과 정밀성이 요구되는 부분이 있기에 섬세한 업무처리 능력은 필수적이다. 이유는 또 있다. 포병병과 관리자 입장으로 시각을 바꿔서 생각해보자. 현재 포병 여단장급 이상의 지휘관은 대부분 수작업에 의한 제원 계산과 사격통제장치 활용을 병행했기 때문에 업무 수행 시 섬세함이 몸에 배어있다. 그렇다면, 여러분들은 어떠한 자세로 업무를 수행해야 할지가 머리에 떠오를 것이다.

❷ 포병이 수행하는 과업과 요구되는 능력은?

포병은 기습과 강력한 파괴력으로 적의 전력을 격멸, 무력화할 수 있는 핵심 전투병과의 하나이다. 자주포, 로켓, 미사일 등을 활용해 어떠한 지형이나 기상 조건에서도 화력 지원이 가능하다. 특히, 전쟁 초기 대화력전을 통해 육군의 생존성 보장에 기여하며 근접전투 시 전투병과를 화력 지원하여 지상군의 승리를 보장한다. 이를 위해서 포병 장교는 화력 운용 협조기구를 이해하고, 화력계획 수립 및 무기체계 운용에 능숙해야 한다. 또한 다양한 제대에서 지휘관 임무 수행을 위한 리더십과 부대관리 능력을 함양해야 한다. 포병장교는 위관장교 기간 보병 지휘관의 화력참모 역할을 수행하게 되므로 보병 전술을 이해함은 물론, 참모 실무능력도 구비해야 한다.

❸ 포병 장교의 경력관리 방법은?

포병 중·소위는 관측장교 및 사격지휘장교, 대대급 참모장교, 천무부대 소대장, 전포대장 임무를 수행한다. 관측장교는 표적정보를 획득하고 사격지휘소로 획득된 정보를 전달하여 포병사격을 유도하는 역할을 한다. 대대 사격지휘장교는 획득된 표적정보를 자주포에 전달하고 사격을 통제한다. 대대 참모는 기능별(**정보, 작전, 인사, 군수**) 참모업무 수행 능력을 구비하고 작전계획 수립 절차를 이해하여 지휘관을 보좌한다. 그 외에도 보병의 소대장과 유사한 지휘자 역할을 하는 전포대장 직위와 천무부대 소대장 직위를 이수한다. 위에서 제시한 직책을 수행하기 위해 4개월간 포병학교에서 신임장교 지휘참모 과정을 이수한다. 이 외에도 각 참모 기능별 보수교육 과정(**정보, 인사**)이 편성된다. 전문인력으로 진로를 희망 인원은 전문학위 교육에 지원할 수 있다. 국외 군사교육은 신임장교 지휘참모 과정을 이수한 인원 중에서 선발하며 미국 등 외국군 포병학교로 교육 파견을 보낸다.

포병 대위는 포대장, 대대 참모, 사·여단 참모부 실무자로 임무 수행한다. 이를 위해 포대 지휘통제 및 사·여단 참모 실무 능력, 통합화력 운용 능력, 리더 역량, 편제장비 운용 능력 등이 요구된다. 대위로 진급 시 약 5개월간의 대위 지휘참모 과정을 통해 요구되는 역량을 함양한다. 전문인력을 희망하는 장교는 국내·외 석·박사 학위 과정에 지원할 수 있다. 학위과정 선발 또는 학위 취득과 동시 전문인력 예비특기를 부여한다. 학위 과정별로 2~3년간의 수학 기간을 보장해 준다. 이 외에도 국외 군사교육으로 연합작전 전문가 과정과 미국 고군반 등의 교육 기회를 부여한다. 미국 포병 고군반 과정에 매년 6명 내외를 선발하여 7개월의 과정으로 교육 파견을 한다. 또한 독일, 일본, 스페인, UAE 5개국 고군반에도 매년 1명씩 유학하여 해외지역 전문가로 성장할 기회를 부여한다. 이 외에도 전투병과를 대상으로 하는 민사작전, 인사, 심리전, 리더십 등 다양한 과정에 지원할 수 있다.

포병 대위는 필수직위로 중대장 2개 직위와 선택직위로 참모 2개 직위를 수행한다. 필수직위는 사단 또는 미사일사령부 예하 대대에서 중대장 직위를 2회 이수하는 것으로, 각 직위는 약 18개월 내외로 수행한다. 이때 다양한 부대 유형을 경험하기 위해 군단 포병여단 예하 대대와 사단 포병여단 예하 대대에서 각각 18개월씩 보직한다. 선택직위는 야전부대 참모부 실무자, 병과학교 교관 및 훈육장교, 미사일전략사령부 실무자 직위 등이 해당한다. 이 중에서 2개 직위를 이수하면 경력평가 시 우수하게 평가받는다.

저자가 추천하는 대위 기간 경력관리는 앞서 보병 대위에서 제시한 내용을 참조하면 된다. 다만, 보병 장교에 비허서 사단급 이상 제대에서 근무할 기회가 적다. 사단 실무자 직위는 대부분 전투 공통 직위로 포병 대위도 근무는 가능하나 인원수가 많은 보병을 우선 고려한다. 사실 보병 위주로 구성된 사단 참모부에서 포병장교의 경력관리가 상대적으로 불리한 것은 사실이다. 따라서 군단 포병여단 또는 사단 포병여단에서 2개 직위 이상을 보직하는 경우가 많다.

포병 소령은 주로 사·여단급 이하 제대에서 부대 운영, 작전계획 수립, 교육훈련관리 등의 핵심 실무를 담당한다. 물론 정책부서를 포함한 군단급 이상 제대에서도 실무를 수행한다. 포병 소령은 연합 및 합동작전 수행 능력, 포병병과가 주도된 제병협동작전 수행 능력, 유무인 복합 화력전투 수행 능력 등이 요구된다. 이러한 능력을 함양하기 위해 필수교육 및 선택 교육 기회가 부여된다.

필수 군사교육 과정으로 소령 진급 1년 차에 육군대학에서 소령 지휘참모 과정을 이수한다. 포병 장교만을 위한 별도의 과정은 아니다. 소령 진급자면 누구나 이수해야 하는 6개월 단기과정과 소령 진급과 동시 선발되는 1년 전문과정으로 구분된다. 1년 전문과정은 주로 1차로 진급한 전투병과 장교 중 우수자를 대상으로 선발한다. 전문학위 교육으로는 전문인력 예비 특기자를 대상으로 박사학위 교육 기회가 부여된다.국외 군사교육으로는 연합작전 수행 및 해외지역 전문가를 양성하기 위해 파견하는 해외 지휘참모대학(19개국)과 미.합동참모대학 및 지휘참모대학 과정, 직능별(**인사, 군수 등**) 병과학교 교육 등이 있다.

포병 소령의 보직 관리는 필수직위와 선택직위로 나뉜다. 대대 작전과장 또는 교육기관 교관을 필수직위로, 상이한 제대 참모 2개 직위를 선택직위로 이수해야 한다. 선택직위는 여단급 이상 부대의 참모 및 실무자 직위와 일부 지휘관 직위를 포함한다. 포병 소령은 군단 화력처 및 포병여단의 실무 직위를 선호하는 경향이 있다. 이는 포병 출신의 장군 및 부서장을 중심으로 포병장교들이 주축이 되어 부대·서가 운영되기에 본인의 전문성을 확인하고 개인 역량을 심화시킬 수 있기 때문이다.

포병 중령은 대대장, 사단급 이상 부대의 부서장, 정책부서 실무직위를 이수한다. 중령 진급 시에 직능(**작전, 인사, 군수, 동원, 정책, 전력**)을 확정하고 이에 따른 인사관리를 받는다. 요구되는 역량은 작전사 이상 제대의 작전계획(**화력운용계획 포함**) 수립 능력, 합동·연합작전 수행 능력, 전술 제대 지휘관 및 작전사급 이하 실무 능력, 전략 및 정책업무 능력, 리더십 등이다.

포병 중령은 군사교육, 국외 위탁교육, 국내·외 연수의 기회를 가진다. 군사교육은 대대장 및 사단급 이상 참모 직무 수행 능력 구비를 위해 모든 중령을 대상으로 약 5주간 중령 지휘참모 과정을 실시하고, 군사전문가로 육성하기 위해 우수 근무자를 선발하여 합동 고급과정 교육을 1년간 실시한다. 국외 군사교육으로는 미. 육군대학원과 미. 합참대학교 연합작전 전문가 과정에 지원할 수 있다.

중령 보직은 필수직위로 대대장과 군단급 이하 부대 1개 참모 직위를 수행한다. 이후 선택직위로 군단급 이상 부대에서 참모 1개 직위를 이수하면 경력평가를 우수하게 평가받는다. 선택직위에는 정책부서 및 작전사 실무 직위, 교관 직위, 일부 지휘관 직위 등이 포함된다. 보병과 마찬가지로 포병 중령은 소령보다 보직 이수에 있어 융통성이 별로 없다. 포병대대장 보직은 24개월이 기본이나 30개월까지도 수행한다. 이어서 포병여단 및 사단 참모 또는 군단 과장 직위를 수행한다. 그 후는 정책부서 또는 작전사급 부대에서 1~2개 보직을 수행하면서 바로 대령 진급심사에 들어간다. 필자가 추천하는 포병 중령 경력관리는 정책부서를 포함한 작전사급 이상 제대나 미사일전략사령부에서 2개 직위 이상을 수행하면서 대령 진급 기회를 보라는 것이다. 사단급 제대에서 대령 진급은 매우 어려우며, 군단에서는 통상 1명 이내로 진급자가 배출된다.

포병 대령은 포병여단장, 군단 화력처장. 미사일전략사령부 처장, 사·여단 참모장, 군단급 이상 부대 및 정책부서에서 부서장 직위를 수행한다.

기갑,
충격력으로 승부를 결정하는 병과

　기갑병과는 전차를 중심으로 제 병과를 통합하여 기동력과 충격력, 강한 화력으로 지상전에서 결정적 작전을 수행하는 핵심 병과이다. 전차의 방호력이 능동방호체계, 피아식별장치, 복합장갑 등으로 더욱 강화됨에 따라 전장에서 장비의 신뢰성은 더욱 높아지고 있다. 최근 이슈화되는 드론 공격에 대한 방호체계도 비약적으로 발전하고 있어 생존성 또한 크게 향상되고 있다. 이에 더해 기계화 보병, 유무인 복합 체계, 로봇 전차와의 전술적 통합을 통해 속도, 화력, 방어력을 극대화하고 있다. 최근 현대전에서 전차의 무용론이 대두되고 있으나 이는 전차의 기술적 진화를 고려하지 못한 데서 나온 발상이라 생각한다.

　저자는 2025년도부터 기갑여단장 직위를 18개월간 역임하였다. 재직기간 기갑병과 장교의 멋과 재능에 대해서 많은 것을 보고 느꼈다. 그 어느 병과 장교보다 자부심이 강했고 군인으로서의 멋도 있었다.

❶ 기갑병과가 수행하는 과업과 요구되는 능력은?

　기갑 부대는 지상전 수행의 핵심 전력 중 하나로 결정적 작전에 투입하여 최종 승리를 결정짓는다. 공격작전 시는 제병협동 하 신속한 공격으로 적의 방어선을 돌파하고, 적의 종심 지역 목표를 확보하여 방어체계를 와해시키는 역할을 한다. 방어작전 시는 강력한 화력과 기동성을 바탕으로 하는 기동방어로 적의 공격을 저지, 격멸한다. 기갑 부대도 현대전의 특성에 부합되도록 실시간 정보 공유를 바탕으로 한 네트워크 중심의 지휘체계와 첨단 무기체계(K2 흑표 전차, 개량형 K1E1 전차 등), 대드론 방호 체계, 능동방호체계 등의 신기술을 접목해 전투 효율성을 높이고 있다.

전장에서 주도적 역할을 위해 기갑 장교는 다음과 같은 능력을 함양해야 한다. **첫째, 전장 전체를 통찰하는 전략·전술적 사고력과 독립된 전투지휘 능력이다.** 이 능력이 필요한 이유는 기갑부대는 대부분의 경우 작전의 최종 단계에서 적의 종심 상 목표를 달성하는 임무를 수행하기 때문이다. **둘째, 무기체계에 대한 이해와 장비 관리 능력을 배양하여 어떤 상황에서도 장비가 최상의 상태를 유지토록 해야 한다. 셋째, 대형 장비를 운용함에 따라 병력의 생명과 안전을 지킬 수 있는 안전 감수성을 함양해야 한다.** 이처럼 기갑 장교는 단순한 무기 운용자가 아닌, 전략·전술적 식견과 현장 실행력이 동반된 다층적 역량을 요구받는다.

❷ 기갑 장교의 경력관리 방법은?

기갑 중·소위는 소대장 및 전차대대 참모장교 임무를 수행한다. 이를 위해서 소대 전투지휘 및 전차 단차별 훈련지도 능력, 강인한 체력 및 정신력, 병영생활 지도 능력, 전장 리더십 등이 요구된다. 이러한 능력을 구비하기 위해 기갑학교에서 약 4개월간의 신임장교 지휘참모 과정과 보수교육 과정을 수료한다. 소대장·참모 직위를 이수하면 전문인력으로 진로를 희망하는 장교는 주간 석사 위탁교육에 지원할 수 있으나 선발 인원은 많지 않다. 국방어학원에서 주관하는 외국어 교육(제2외국어 과정)은 장기복무자를 대상으로 기회가 주어진다.

기갑 대위는 중대장 및 대대 참모, 기동사단·기갑여단 참모부 실무자로 임무 수행한다. 요구되는 역량은 중대급 지휘통제 및 참모 실무 능력, 리더 역량 구비, 전차 중심의 편제장비 운용 능력 등이다. 대위로 진급 시 기갑학교에서 약 5개월 간의 대위 지휘참모 과정을 통해 요구되는 역량을 함양한다.

군사교육 이 외에도 장기복무 장교가 중대장을 이수하면 주간 위탁교육으로 석사학위에 지원할 수 있다. 이 과정에 선발되어 학위를 취득하면 전문인력 예비 특기를 부여한다. 해외 군사교육으로는 미국 기갑 고군반 과정에 매년 3명 내외를 선발하여 7개월의 과정으로 파견한다. 이 외에도 전투병과를 대상으로 하는 민사작전, 인사, 심리전, 리더십 등 다양한 국외 연합교리 과정에 지원할 수 있다.

보직은 필수직위로 중대장 2개 직위와 선택직위로 참모 2개 직위를 수행한다. 필수직위는 사단 전차대대와 기동사단·기갑여단 전차대대에서 각각 18개월 내외로 중대장 2개 직위를 이수한다. 선택직위로는 기동사단·기갑여단 참모부 실무자, 병과학교 교관 및 훈육 장교, 해외 파병부대 참모 등이 해당한다. 이 직위들 중에서 2개를 이수하면 경력평가 시 우수하게 평가한다. 기갑 대위의 보직 관리도 포병 대위와 유사하다고 보면 된다. 다만, 기갑 대위는 7군단 예하 사단(수도기계화, 8, 11) 및 7개 기갑여단(1, 2, 3, 5, 30, 20, 102)을 중심으로 한 보직 관리가 가능하다.

기갑 소령은 대대 총괄 업무, 사·여단급 실무직위, 정책 및 합동·연합작전 제대의 실무직위를 담당한다. 따라서 제병협동 및 연합작전 계획 수립과 시행 능력, 대대 업무를 총괄할 수 있는 참모 능력을 구비해야 한다. 소령 진급 1년 차에 육군 대학에서 소령 지휘참모 과정을 통해 사단급 이상 제대의 전술 및 직무수행 능력, 연합 및 합동작전 수행 능력을 배양한다. 전문학위 교육으로 전문인력 예비특기자를 대상으로 박사학위 교육 기회가 부여된다. 통상 박사학위 위탁교육 대상자로 선발과 동시에 전문인력으로 확정 임명한다. 국외 군사교육은 해외 지휘참모대(19개국 내외)와 미.합동참모대 및 지휘참모대 교육과정이 있으며 연합작전 전문가 양성을 목표로 한다.

기갑 소령은 전차대대 작전과장 또는 학교 기관 교관을 필수직위로, 상이

  군대에서 꿈을 설계하다

한 제대 참모 2개 직위를 선택직위로 이수한다. 선택직위는 기갑여단 및 사단급 이상 제대 참모·실무자, 학교 기관의 교관, 정책부서 실무직위 등이다.

다음은 중령 보직 관리이다. 중령은 전차대대장 임무 수행 후 기갑여단 참모 또는 군단 참모부서 과장 직위를 수행한다. 중령 진급 시에 직능(작전, 인사, 군수, 정책, 전력)을 확정하고 이에 따른 인사관리를 한다. 중령으로서 요구되는 역량은 300여 명 내외의 병력과 수십 대의 전차를 운용할 수 있는 지휘 역량, 제병협동 및 합동·연합작전 수행 능력, 군사전략 수립 및 정책 업무 수행 능력 등이다. 대대장 및 참모 수행능력 구비를 위해 중령 지휘참모 과정을 약 4주간 이수한다. 또한 최고 군사전문가를 육성하기 위해 100여 명의 선발된 인원에 한해 합동고급 과정을 1년간 부여한다. 국외 군사교육으로는 미. 지휘참모대학과 미. 합동참모대, SAMS(고급군사과정)에 지원할 수 있다.

기갑 중령 보직은 필수직위인 대대장과 군단급 이하부대 1개 참모 직위, 선택직위로 참모·정책실무 1개 직위를 이수하면 된다. 선택직위는 정책부서 및 작전사급 실무자, 교관 직위, 일부 지휘관 직위 등이 해당한다. 기갑 중령의 경우 병과 공통 실무직위 선택 시 보병 및 포병 중령에 비해 우선순위가 낮다. 기갑 중령의 인재풀 자체가 소수인 것도 있지만 기동사단 및 기갑여단 참모 직위로 다수가 활용되기 때문이다. 특히, 7군단의 경우 기동사단 위주로 구성되고, 참모부서도 이를 지원하기 위해서 기갑장교가 상대적으로 다수 보직된다. 반면, 일반 보병사단 위주로 구성된 전방군단에는 보병, 포병 장교 위주로 참모부서가 구성된다. 따라서 기동군단에서 선택직위를 이수하면서 대령 진급 기회를 보는 것도 좋다. 실제 기동군단에서 기갑병과 중령이 대령으로 진출하는 사례는 많다. 또한 정책부서의 기갑 장비 관련 직위와 전투공통 직위에도 보직이 가능하기에 본인의 장점을 잘 살릴 수 있는 직위를 선택하면 된다.

기갑 대령은 필수직위인 기동사단 기보여단장(18개월 내외) 직위와 선택 직위인 사·여단급 참모장 및 군단급 이상 제대의 참모 직위, 작전사령부 또는 정책부서 과장 직위를 이수해야 한다.

정보, 정보 우위로 전장을 지배하는 병과

우주까지 전쟁의 영역은 확대되었고, 전장의 불확실성은 더 증가하였다. 정보병과는 가용한 모든 정보자산을 활용, 임무 수행에 필요한 전장 정보의 수집·처리·전파를 통한 전장을 가시화로 효과적인 전투력 운용을 보장한다. 정보 병과 조직은 국방부 정보본부를 구심점으로 운용되며, 고유의 업무 영역을 가지고 임무 수행한다.

대대급 이상의 제대는 정보참모부서를 편성하고 있다. 정보참모부서는 적의 능력과 기도를 파악하여 지휘관의 작전지휘 결심을 보좌하고 타 전투 수행 기능을 지원한다. 최근 5기의 정찰위성 발사로 정보 획득 영역이 우주까지 확대되었고 AI, 드론봇, 전자전 장비 등의 첨단과학기술과 가장 활발하게 접목되고 있어 가장 발전이 빠른 병과 중 하나이다.

정보병과 신임 장교는 매년 전체 임관 인원의 5% 내외 수준으로 임관한다. 최고 계급은 중장(**국방부 정보본부장**)으로 8개 전투병과 중 3번째로 장군을 다수 배출한다. 그 예하에 소장 직위로 정보사령관 등 수 개의 직위가 있으나 자세한 언급은 제한된다.

 군대에서 꿈을 설계하다

❶ 정보병과가 수행하는 과업과 요구되는 능력은?

　정보병과는 전장가시화를 통해서 전장의 불확실성을 최소화하고 전투 임무 수행에 필요한 첩보 및 정보를 제공하는 역할을 한다. **전통적으로 인간, 신호, 영상정보 수집을 담당했으나 현대전에서는 네트워크 중심 전쟁(NCW) 지원, 사이버·전자전 대응, 드론 및 AI 기반 정밀 타격 지원 등으로 역할이 확대되었다.** 실시간 데이터 통합 시스템을 활용해 위성, 드론, 레이더 등으로 수집된 정보를 전 부대에 공유하여 표적 정보를 제공한다. 또한 다영역 작전의 일환으로 적에 대한 사이버 공격, 전자전 등을 수행한다.

　정보 병과 장교는 크게 일반형 장교와 정보전문 인력으로 구분된다. 일반형 장교는 대대급 이상 제대부터 합동참모본부까지 정보부서에서 정보를 수집 및 분석, 대정보 활동, 전자전 수행, 정보분야 정책 수립, 군사보안 등의 업무를 담당하는 장교다. 반면 정보 전문인력은 국군정보사령부 등 일부 특수직위에서 임무를 수행한다.

　정보병과 장교는 적에 관해 전술적 수준부터 전략적 수준에 이르는 해박한 전문지식이 있어야 한다. 또한 작전 수행에 영향을 주는 지형과 기상 상황을 분석하는 능력을 보유해야 한다. 사실, 우리 군의 정보자산만으로는 충분한 정보획득이 제한되므로 연합 정보자산 활용 능력도 필수적으로 필요하다.

❷ 정보병과 장교의 경력관리 방법은?

　정보 중·소위는 수색·특공·정찰·지상감시 소대장 및 연·대대 정보장교 임무를 수행한다. 이를 위해서 소대 전투지휘 및 정보 실무능력, 정보자산 운용 능력, 강인한 체력 및 정신력, 병영생활 지도 능력, 전장 리더십 등이 요구된다. 위에서 제시한 다양한 능력을 구비하기 위해 정보학교에서 약 4개월 간의 신임장교 지휘참모 과정을 이수토록 한다. 소대장 직위를 이수 후 장기복무자는 제2외국어 과정(중국어 등 20개 과정)에 지원이 가능하며, 주간 위탁으로 석사과정 선발 시는 예비 전문인력으로 관리된다.

정보 대위는 특공·수색·보병 중대장, 대대 정보장교, 사단·기갑여단 정보처 실무자로 임무 수행한다. 요구되는 역량은 중대급 지휘통제 및 참모 실무 능력, 사단급 정보자산 운용 및 적 전술 분석 능력, 리더 역량 구비 등이다. 대위 진급 시 정보학교에서 약 6개월간의 대위 지휘참모 과정을 통해 요구되는 역량을 함양한다. 정보병과는 전문성이 어느 병과보다 요구되므로 정보분석 과정과 보안업무 과정, 대정보 과정 등의 교육을 추가로 이수할 수 있다.

군사교육 이 외에도 장기복무 장교를 대상으로 석사 및 박사 학위과정 기회를 부여하여 전문인력으로 양성한다. 해외 군사교육으로는 미국 정보학교 고군반 과정에 매년 6명 내외를 선발하여 6개월 과정으로 파견한다. 이 외에도 전투병과를 대상으로 하는 민사작전, 심리전, 리더십 등 다양한 국외 교육과정에 지원할 수 있다.

보직은 필수직위로 중대장 1개 직위와 선택직위를 수행한다. 중대장 직위는 수색, 정보, 특공 중대장을 이수한다. 선택직위에는 여단급 이하 정보장교, 사단·기갑여단 정보참모부 실무자, 병과학교 교관 및 훈육 장교, 해외 파병부대 참모 등이 포함된다. 통상 HID로 알려진 정보전문 인력은 대위 때 선발하여 별도로 관리한다.

정보 소령은 군단 정보대대 중대장, 사·여단급 이상 제대의 정보업무 실무를 담당한다. 따라서 제대 수준별 요구되는 정보분석 능력, 제병협동 및 연합작전 수행 실무 능력, 편제된 정보자산 운용 능력을 구비해야 한다. 소령 진급 1년 차에 육군대학에서 소령 지휘참모 과정을 통해 사단급 제대 이상의 전술 및 직무수행 능력, 연합 및 합동작전 수행 능력을 배양한다. 또한 다양한 정보기능 임무 수행을 위해 분야별 보수교육을 받는다. 국외 군사교육으로 2개월 내외의 미국 합동 전략정보 및 전술정보 과정, 심리전 과정 등이 있다. 또한 해외지역 전문가의 양성을 목적으로 해외 지참대(19개국)에 교육 기회를 부여한다.

보직 관리로 필수직위는 여단 정보과장, 사단 정보분야 실무자, 교관 직위 중 2개 직위를 이수한다. 선택직위로는 군단급 이상 제대 및 정책부서 실무자 직위를 이수하면 된다.

정보 중령은 수색·특공·정보·보병대대장 임무 수행 후, 사단 참모 및 군단 참모부 과장 역할을 수행한다. 중령으로서 요구되는 역량은 300명 내외의 병력과 다양한 정보자산 운용 역량, 제병협동 및 합동·연합작전 수행 능력, 정보 전력 업무 및 전구 정보분석 수행 능력 등이다. 대대장 및 사단급 이상 참모 수행 능력 구비를 위해 중령 지휘참모 과정을 약 4주간 실시한다.

중령기간 보직은 필수직위인 대대장과 군단급 이하부대 1개 참모직위, 선택직위로 참모·정책실무 1개 직위를 이스하면 된다. 선택직위에는 정책부서 실무직위 및 작전사급 정보실무 직위 등이 해당된다. 정보 중령의 경우 정보 관련 전문직위에 대부분이 활용된다. 그만큼 전문성이 있기 때문이다.

정보 대령은 특공·보병여단장, 군단 정보처장, 작전사령부 및 정책부서 과장 직위를 수행한다. 대령 계급에서는 대령 지휘참모 과정을 의무적으로 이수 해야 하며, 국방대학교 안보과정은 일부 인원에 한해 교육 기회가 주어진다.

정보통신, 지휘통제의 중추 병과

현대전의 특징 중 하나로 다양한 전장기능을 네트워크화하여 이를 효과적으로 운영하는 조직 역량에 따라 전쟁의 승패가 좌우된다. 2000년대 초반만 해도 현대전이 네트워크에 의한 지휘통제 전쟁이라고는 상상도 못했다. 하지만 오늘날 전쟁은 상황판단-결심-대응의 전투지휘 절차를 좀 더 정확하고 빠르게 할 수 있는 시스템을 누가 가지고 있느냐가 승패의 관건이 되었다. 이를 위해 정보통신병과를 중심으로 ATCIS, KJCCS 등의 정보유통 체계를 통해 실시간 의사결정을 위한 지휘통제 체계를 운용하고 있다. 사실, 육군의 **병과 기능 분야 중에서 정보통신병과는 가장 전문가적 영역이다.**

정보통신병과 신임 장교는 매년 전체 임관 인원의 7% 내외 수준으로 전투병과 초임 장교 중 세 번째로 큰 비중을 차지한다. 최고 진출 계급은 소장으로 육군본부 정보화기획참모부장이고 국방부, 합참 등에 준장 직위가 다수 편성되어 있다.

❶ 정보통신 장교가 수행하는 과업과 요구되는 능력은?

정보통신병과는 첨단과학 군으로 도약하기 위한 육군의 미래 비전에 대동맥의 역할을 담당한다. 각종 무기체계와 의사결정 체계를 연동시켜 지휘관의 전투 수행 개념을 구현한다. **수행 과업은 제대 단위 지휘통신망 및 기반체계를 유지하여, 수직·수평 간 정보유통을 보장하는 것이다. 또한 전장 정보체계를 활용하여 전투참모단에 전장 상황을 가시화해 제공한다.** 이 외에도 사이버 작전을 수행하기 위해 사이버 방호시스템을 설치 및 운용하고 정보보호 대책을 강구한다.

병과 요구 능력으로 위성통신·C4I 등 첨단 통신 시스템의 운용 능력, 지휘통신 분야에 대한 전문지식, 네트워크 중심전(NCW) 환경에서의 전술·전략적 사고력, 사이버 보안 지식, 리더십 및 협업 역량 등이 있다.

❷ 정보통신 장교의 경력관리 방법은?

정보통신 중·소위는 통신 소대장 및 사단 정보통신대대 참모 직위를 수행한다. 요구되는 역량으로는 소대 전투지휘 및 정보통신대대 참모 실무 능력, 편제장비 및 통신체계 운용 능력, 체력 및 정신력, 병영생활 지도 능력, 전장 리더십 등이다. 어느 병과보다 전문성을 요구하기에 4개월간의 신임장교 지휘참모 과정 외에도 직무 보수교육(8개 과정 이상)이 편성되어 임무 수행에 필요한 능력을 구비토록 한다. 중위 계급에서 전문인력을 희망하는 장교는 주간 석사 위탁교육에 지원할 수 있다. 위탁교육 선발과 동시에 예비 전문인력으로 분류된다. 이 외에도 외국어 교육과정(영어, 제2외국어)에 지원할 수 있다.

정보통신 대위는 정보통신중대장, 정보통신대대 참모, 군단급 이상 제대의 지휘통신참모처 실무자로 임무 수행한다. 요구되는 역량은 중대급 지휘통제 및 참모 실무능력, 편제된 정보통신 장비 설치 및 운용 능력, 리더 역량 구비 등이다. 대위로 진급 시 정보통신학교에서 약 6개월간의 대위 지휘참모 과정을 통해 요구되는 역량을 함양한다. 다른 병과와는 다르게 국방대학교에서 직무 보수교육으로 정보통신 분야 6개 과정(기본, 사이버, SW 개발, AI 빅데이터 등) 교육을 실시한다. 전문인력을 희망하는 인원은 주간 위탁교육으로 석사 및 박사 학위 취득 기회를 부여한다. 해외 군사교육으로는 미국 정보통신 고군반 과정에 매년 3명 내외를 선발하여 4개월의 과정으로 교육 파견을 한다.

보직은 필수직위로 중대장 2개 직위와 선택직위를 이수한다. 중대장 직위로 1차는 보병여단 통신중대장을, 2차는 사단급 이상 부대 정보통신대대 중

대장을 이수한다. 선택직위로는 작전사 이하 제대 정보통신참모부 실무자, 병과학교 교관 및 훈육 장교 등이 해당한다.

정보통신 소령은 정보통신대대의 총괄장교, 군단급 이상 지휘통신참모부 및 정책부서 실무를 담당한다. 따라서 제대별 지휘통제 체계 운용 능력, 정보통신 분야의 사업 및 업무체계 이해, 참모 실무능력을 구비해야 한다. 소령 진급 1년 차에 육군대학에서 소령 지휘참모 과정을 통해 사단급 이상 제대의 전술 및 직무수행 능력, 연합 및 합동작전 수행 능력을 배양한다. 이후 정보통신 영관반, 소령 지휘관리 과정 교육을 통해 전문성을 심화한다. 국외 군사교육으로는 미국에 사이버전 교육과정과 해외지역 전문가의 양성을 목적으로 해외 지참대(19개국) 교육과정 기회를 부여한다. 보직 관리로는 필수 직위로 대대 계획운용과장을, 선택직위로 상이한 제대 참모 2개 직위를 이수한다.

정보통신 중령은 정보통신 대대장 임무수행 후, 군단급 이상 제대 및 정책부서에서 실무를 담당한다. 중령으로서 요구되는 역량은 리더십 및 다양한 지휘통신 장비 운용 역량, 군 지휘통신 체계 설계 및 운용 능력, 정책 기획 능력 등이다. 대대장 직무수행 능력 구비를 위해 중령 지휘참모 과정을 약 4주간 실시한다. 또한 정책 실무과정과 합동 고급과정을 통해 작전술 구상 능력과 정보통신 분야 정책 수립 능력을 배양한다.

중령 보직은 필수직위인 정보통신 대대장과 군단급 이하 부대 1개 참모 직위를, 선택직위인 참모·정책실무 1개 직위를 이수하면 된다. 선택직위에는 정책부서 및 작전사령부급 지휘통신참모부의 실무 직위가 포함된다.

정보통신 대령은 정보통신단장, 군단 지휘통신참모, 작전사령부 및 정책부

  군대에서 꿈을 설계하다

서 과장 직위를 수행한다. 요구되는 역량은 군단급 이상 부대의 지휘통신 장비의 전술적 운용 능력, 연합 및 합동작전 수행 능력, 전구급 지휘통제 체계 운용 능력, C4I 전력 업무에 대한 업무지도 능력 등이다. 대령 역량 함양 교육으로 국방대 안보과정, 대령 지휘참모 과정 등이 있다.

공병, 지상군의 선두를 지키는 병과

공병은 전장에서 5개 기능으로 운용된다. 즉, 전투 현장에서 보병에 앞서 투입되어 적의 장애물을 개척 후 기동로를 개설하는 기동 지원, 다양한 장애물을 운용하여 적의 진출을 차단하는 대기동 지원, 진지 및 방호시설을 구축하는 생존 지원, 지형분석과 지도를 제작하는 지형정보 지원, 군사시설 건설 및 유지를 담당하는 일반공병 지원이 해당된다. 평시에는 해외파병을 통한 국위선양도 가장 활발하게 하는 병과이다.

공병병과 신임 장교는 매년 전체 임관 인원의 5% 내외 수준으로 임관한다. 최고 진출 계급은 소장이고 국방부, 합참, 육본, 작전사령부 등에 준장 직위가 다수 편성되어 있다. 2025년도 후반기 장군 인사 시 공병장교로는 이례적으로 사단장이 배출되었다.

❶ 공병이 수행하는 과업과 요구되는 능력은?

공병 장교는 공병여단 및 사단 공병대대의 지휘관과 참모로서 전투지원 및 작전지속 지원 임무를 수행한다. 앞서 언급한 5대 공병 기능을 중심으로 전투병과를 지원하고, 일반공병지원을 통해서 장병들의 생활공간을 개선하고 전투시설물을 보강한다. 공병 장교는 장애물 극복, 시설 구축, 피해 복구를 통해 작전 지원과 기동을 보장해야 하므로, 기술적 전문성과 현장 지휘 역량을 겸비해야 한다. 구체적으로, 지뢰 처리·교량 건설·폭파 작업 등 위험도가 높은 임무를 안전하고 효율적으로 수행하기 위해 장비 운용 및 위기 대응 능력은 필수적이다. 또한, 극한의 환경에서 임무를 완수할 수 있는 체력과 정신적 강인함, 그리고 장비 작업 간 안전사고 관리 및 리더십 등이 요구된다.

❷ 공병 장교의 경력관리 방법은?

공병 중·소위는 공병 소대장 및 공병대대 참모를 수행한다. 이를 위해서 소대 전투지휘 및 참모 실무 능력, 시설 업무(**보수공사, 신영공사**) 수행 능력, 공병 장비 운용 능력, 체력 및 정신력, 병영생활 지도 능력, 전장 리더십 등이 요구된다. 공병학교에서 약 4개월간의 신임 장교 지휘참모 과정 외에도 직무 보수교육(**시설 장교반**)이 편성되어 임무 수행에 필요한 능력을 구비토록 한다. 중위 계급에서 전문인력을 희망하는 장교는 주간 석사 위탁교육에 지원할 수 있고 학위 이수 시 예비 전문인력으로 분류된다. 이 외에도 외국어 교육 과정(**영어, 제2외국어**)에 지원할 수 있다.

공병 대위는 공병중대장, 공병대대 참모, 공병여단 참모, 사단급 이상 제대 참모부 실무자로 임무 수행한다. 요구되는 역량은 중대 지휘통제 및 참모 실무능력, 편제된 공병 장비 운용 능력, 리더 역량 등이다. 대위로 진급 시 공병학교에서 약 6개월간의 대위 지휘참모 과정을 통해 요구되는 역량을 함양한다. 전문인력을 희망하는 인원은 주간 위탁교육으로 석사 및 박사 학위 취득 기회를 부여한다. 해외 군사교육으로는 미국 공병 고군반 과정에 2명 내외를 선발하여 6개월의 과정으로 교육 파견을 한다.

보직은 필수직위로 중대장 2개 직위와 선택직위를 수행한다. 중대장 직위는 사단 공병대대와 공병여단 및 공병단 중대장 직위에서 1,2차를 교차로 실시한다. 선택직위로는 사·여단급 실무자, 시설본부 실무자, 병과학교 교관 및 훈육 장교 등이 해당한다.

공병 소령은 공병대대의 총괄장교, 사단급 이상 제대의 참모부 실무, 정책부서 실무를 담당한다. 따라서 제대별 운용되는 공병 장비 운용 능력, 시설 관리 및 참모 실무 능력을 구비해야 한다. 소령 진급 1년 차에 육군대학에서 소령 지휘참모 과정을 통해 사단급 제대 이상의 전술 및 직무수행 능력, 연합 및 합동작전 수행 능력을 배양한다. 전문학위 교육으로 공병장교 중 전문인력 예비특기자를 대상으로 박사학위 교육 기회가 부여된다. 공병장교는 정책 전문인력, 획득·기술 전문인력으로도 진출도 가능하다. 국외 군사교육으로 해외 지휘참모대(19개국)와 미.합참대 및 지휘참모대 교육과정이 있다.

소령 보직은 필수직위로 대대 정작과장(또는 교관), 기갑여단 공병대장을, 선택직위로 사·여단급 이상 제대의 실무 직위, 시설본부 실무 직위 2개를 이수한다.

공병 중령은 대대장 임무 수행 후, 공병여단의 참모, 군단급 이상 제대 및 정책부서에서 실무를 담당한다. 요구되는 역량은 리더십 및 편제 공병 장비 운용 능력, 공병여단 참모 및 군단급 이상 제대 실무 능력, 정책 기획 능력 등이다. 대대장 및 참모 직무수행 능력 구비를 위해 중령 지휘참모 과정을 약 4주간 실시한다. 또한 정책실무 과정고 합동 고급과정을 통해 작전술 구상 능력과 공병 분야 정책 수립 능력을 배양한다.

중령 보직은 필수직위로 공병대대장과 군(사)단급 1개 참모 직위를, 선택직위로 참모·정책실무 1개 직위를 이수하면 된다.

공병 대령은 병과의 리더로서 공병여단장, 사·여단 참모장 및 군단 참모, 작전사령부 및 정책부서 과장 직위를 수행한다. 요구되는 역량은 군단급 이상 부대의 공병 장비의 전술적 운용 능력, 연합 및 합동작전 수행 능력, 제대별 시설공사 관리 및 공병 전력 업무에 대한 업무지도 능력 등이다.

육군항공,
전장의 상공을 장악하는 주력 병과

육군항공병과는 시·공간적 제약을 극복하고 항공 전력을 활용한 기동 타격과 작전 지원을 주 임무로 한다. 대대급 이상 제대부터 군단급 제대에 이르기까지 각 제대 수준에 맞는 근접항공지원, 병력·물자 수송, 정찰·감시, 특수 작전 등을 수행한다. 즉, 공격헬기(AH-64 아파치 등)를 동원해 적 기갑부대나 방어선을 무력화하고, 수리온, UH-60 등 수송 헬기로 병력과 물자를 신속히 이동시키며, 정찰 헬기로 실시간 정보 수집을 지원한다.

육군항공 신임장교는 매년 70여 명 내외 수준으로 임관한다. 과거에는 전투병과 중에서 병과 전환을 통해서 선발하였으나 '23년부터는 타 병과와 동일하게 임관 시 병과를 결정한다. 육군항공 병과는 일반적으로 최고 소장까지 진출하며, 준장 직위는 소수이다.

❶ 육군항공이 수행하는 과업과 요구되는 능력은?

육군 항공은 지상군의 핵심 전력으로 신속한 기동력과 강력한 화력으로

군대에서 꿈을 설계하다

결정적 작전에 투입하여 전투부대의 목표 확보를 지원한다. 또한 작전적, 전술적 기동으로 전장의 주도권을 확보한다. 주야간 전천후 작전 수행이 가능하며 보병을 적지 종심지역으로 신속히 침투시켜 후방 차단 및 교란 임무 수행을 지원한다. 이 외에도 대테러 작전 등 비군사적 작전에도 투입된다. 최근에는 범국가적 위협인 산불 발생이 빈번해 짐에 따라 산불 진화를 위해서 다목적 헬기(수리온, 치누크 등)가 투입되고 있다.

이러한 **다양한 과업을 수행하기 위해 항공병과 장교는 항공기 조종 기량 및 무장 운용 능력, 지형·기상 조건을 고려한 전술적 판단력, 지상군·공군과의 통합작전을 위한 협업 역량, 항공 안전 관리와 정비 점검 체계 이해 등의 다양한 능력을 필수적으로 갖추어야 한다.** 특히, 고속 기동 중 발생하는 복합적 상황에 대응하기 위해 실시간 의사결정 능력과 위기관리 능력이 요구된다. 이 외에도 항공기 조정 시 모든 소통은 영어로 이루어지기에 영어 의사소통 능력 함양과 항공 안전 분야 학위 취득 등도 경력관리에 유리하다. 조종사는 3차원(X축, Y축, Z축) 공간에서 헬기를 조정해야 하므로 공간지각력이 좋아야 한다. 선천적 자질 문제로 조종 교육에서 10% 내외가 탈락된다.

❷ 육군항공 장교의 경력관리 방법은?

항공병과 중·소위는 임관 후 10개월의 조종 교육을 이수한다. 조종 교육을 이수하면 조종사 및 대대 참모로 보직된다. 요구되는 능력으로 조종 기량, 항공기 편제장비 운용 능력, 육군 항공의 전술적 운용 능력, 강인한 체력, 우발상황 대처 능력 등이다. 항공장교는 항공학교에서 약 10개월간의 조종 교육과정에 의무적으로 편성되어 임무 수행에 필요한 자격을 구비토록 한다. 이 기간 국내·외 위탁교육은 제한된다.

항공 대위는 항공대대 소대장 및 참모, 항공여단 및 사단급 이상 제대 참모

부의 실무자로 임무 수행한다. 요구되는 역량은 정조종사 자격증 획득을 위한 헬기 조종 능력, 참모 실무 능력, 리더 역량 등이다. 정조종사 자격증을 획득하면 대위 지휘참모 과정을 이수한다. 해외 군사교육으로는 미국 항공 고군반 과정에 2명 내외를 선발하여 5개월의 과정으로 교육 파견을 한다.

보직은 필수직위(헬기 조정 36개월)와 선택직위를 수행한다. 소대장 또는 조종사로 36개월간 헬기 조종 경력을 필수직위로, 선택직위로는 사·여단급 실무자, 항작사 및 항공여단 실무 장교, 항공학교 교관 등을 이수하면 된다.

항공 소령은 일반 항공 특기와 전문 특기인 항공 군수 특기로 구분해서 보직을 관리한다. 항공 특기는 항공대대 중대장, 항공대대 및 항공단 과장, 사단급 이상 제대 참모부 실무자, 정책부서 실무를 담당한다. 따라서 전투지휘 능력 및 항공기 전술적 운용 능력, 제병협동·합동·연합작전 수행 능력, 참모 실무 능력을 구비해야 한다. 위 두 특기 모두 소령 진급 1년 차에 육군대학에서 소령 지휘참모 과정을 통해 사단급 제대 이상의 전술 및 직무수행 능력, 연합 및 합동작전 수행 능력을 배양한다. 전문학위 교육으로 국내외 항공 분야 석·박사 학위취득 기회를 부여하고 국내·외 직무향상교육으로 국방대학교 국방사업 관리 기본과정, 미.항공전문가 과정, 미.항공군수관리 과정 등에 지원할 수 있다.

소령 보직은 필수직위로 항공대대 헬기중대장을, 선택직위로 대대 과장(또는 교관), 항공여단 참모, 사여단급 이상 제대의 실무직위를 이수한다. 전문 특기인 항공 군수 특기는 정비중대장으로 지휘 능력과 군수정비 관련 전문성을 습득해야 한다. 필수직위는 항공정비대대 및 항공대대 정비중대장(12개월)을, 이후 선택직위로 항공 제대의 군수 분야 참모 직위를 이수한다.

항공 중령은 대대장 직위 이수 후, 항공작전사령부 참모, 군단급 이상 제대

 군대에서 꿈을 설계하다

및 정책부서에서 실무를 담당한다. 중령으로서 요구되는 역량은 편제 항공기 운용 및 정비 관리 능력, 사단급 이상 제대 참모 및 실무 능력, 정책 기획 능력, 리더 역량 등이다. 대대장 직무수행 능력 구비를 위해 중령 지휘참모 과정을 약 4주간 실시한다. 또한 합동 고급과정을 통해 합동 군사전략과 합동전력 기획 능력 등을 배양한다.

중령 보직은 항공 특기의 경우 필수직위인 항공대대장과 선택직위인 참모·정책실무 1개 직위를 이수하면 된다. 항공 군수 특기의 경우는 필수직위인 항공정비대대장과 선택직위인 정책부서 및 작전사급 이상 실무 1개 직위를 이수한다.

항공 대령은 병과의 리더로서 항공단장, 작전사령부 및 정책부서 과장 직위를 수행한다. 요구되는 역량은 군단 직할 항공부대의 전술적 운용 능력, 전투지휘 전문가, 연합 및 합동작전 능력, 항공 전력 업무에 대한 지도 능력 등이다. 역량 함양 교육으로 국방대 안보과정, 대령 지휘참모 과정 등이 있다.

방공, 전장의 상공을 지키는 중심 병과

방공병과는 적 항공기와 미사일 위협으로부터 영토와 부대를 방어하는 핵심 병과로, 첨단 방공무기인 비호 복합, 천호 등을 활용해 저고도 국지 방공 임무를 수행한다. 중고도·고고도 방공은 공군이 담당하고 육군은 저고도 방

공에 집중한다. 최근 전쟁사례에서 이스라엘의 영공 방호시스템인 아이언 돔이 화제가 되고 있다. 방공 무기체계가 지상군을 보호함은 물론, 국민의 생명과 재산을 지키는 데 얼마나 큰 역할을 하는지를 보여주는 대표적인 사례라 할 수 있다.

방공 초임 장교는 매년 전체 임관 인원의 3% 내외 수준으로 임관한다. 방공병과의 최고 계급은 준장으로 방공학교장 등의 직위를 수행하고, 이 외 소수의 준장 직위가 있다.

❶ 방공병과가 수행하는 과업과 요구되는 능력은?

방공병과는 개전 초기 적 공중 전력 및 탄도탄으로부터 아군의 생존성을 보장하여 공격 및 방어작전 수행 여건을 조성하는 임무를 수행한다. 또한 평시에는 적 또는 미상 세력의 공중 공격으로부터 국가 및 군사 중요시설을 방호하는 역할을 담당한다. 따라서 방공 장교는 지상부대의 전략·전술 이해, 방공 무기 및 레이더·통신 장비 운용 능력, 적 항공기 및 미사일 공격 전술 이해, 실시간 위협 식별 및 대응을 위한 전술적 판단력을 필수적으로 갖추어야 한다. 또한 방공 경계 근무에 대비한 체력과 정신적 강인함도 요구된다.

❷ 방공 장교의 경력관리 방법은?

방공 중·소위는 방공 소대장 및 대대 참모를 수행한다. 이를 위해서 소대 전투지휘 및 참모 실무 능력, 부대 방공무기에 대한 조작 및 관리 능력, 체력 및 정신력, 병영생활 지도 능력, 전장 리더십 등이 요구된다. 방공학교에서 실시하는 약 4개월간의 신임 장교 지휘참모 과정 외에도 직무 보수 교육이 편성되어 임무 수행에 필요한 능력을 구비토록 한다. 전문인력을 희망하는 장교는 주간 석사 위탁교육에 지원할 수 있다. 이 외에도 외국어 교육과정(**영어, 제2외국어**)에 지원할 수 있다.

　　방공 대위는 방공중대장, 대대 참모, 사단급 이상 제대 참모부 실무자로 임무 수행하며, 이때 중대급 지휘통제 및 참모 실무능력, 편제된 방공장비 운용능력, 리더 역량 등이 요구된다. 대위로 진급 시 방공학교에서 약 6개월간의 대위 지휘참모 과정을 통해 요구되는 역량을 함양한다. 해외 군사교육으로는 미국 방공 고군반 과정에 매년 1명을 선발하여 6개월의 과정으로 교육 파견을 한다.

　　보직은 필수직위로 중대장 2개 직위와 선택직위를 수행한다. 중대장 직위는 군단 방공대대, 사단 방공중대, 기계화사단, 방공여단에서 1,2차를 교차 실시한다. 선택직위로는 대대 참모, 사·여단 및 군단 실무자, 병과학교 교관 및 훈육 장교 등이 포함된다.

　　방공 소령은 여단 또는 사단 방공대장, 방공여단 참모부 실무자, 정책부서 실무를 담당한다. 따라서 제대별 운용되는 방공장비의 전술적 운용 및 관리 능력, 참모 실무 능력을 구비해야 한다. 소령 진급 1년 차에 육군대학에서 소령 지휘참모 과정을 통해 사단급 제대 이상의 전술 및 직무수행 능력, 연합 및 합동작전 수행 능력을 배양한다. 전문학위 교육으로 방공 장교 중 전문인력 예비특기자를 대상으로 박사학위 취득 기회가 부여된다. 국외 군사교육으로는 해외 지휘참모대(19개국)와 미.합동참모대 및 지휘참모대 과정에 지원할 수 있다.

　　소령 보직은 필수직위로 방공대장을, 선택직위로 사·여단급 이상 제대의 실무직위, 정책부서 실무직위를 이수해야 한다.

　　방공 중령은 대대장 임무 수행 후, 방공여단 참모, 작전사 이상 제대 및 정책부서에서 실무를 담당한다. 중령으로서 요구되는 역량은 리더십 및 편제 방공무기 전술적 운용, 장비 관리 능력, 여단급 이상 제대 참모 및 실무자 직무수행 능력, 정책 기획 능력 등이다. 대대장 직무수행 능력 구비를 위해 중령 지휘참모 과정을 약 4주간 실시한다

중령 기간 보직은 필수직위인 방공대대장, 선택직위인 군단급 이상 제대·정책부서 실무 직위를 이수하면 된다.

방공 대령은 방공단장, 작전사령부 및 정책부서 과장 직위를 수행한다. 요구되는 역량은 방공단 편성 장비의 전술적 운용 능력, 연합 및 합동작전 수행 능력, 병과 발전소요 도출 및 전력 업무 능력 등이다.

군수,
지상군의 전투 지속을 보장하는 핵심 병과

군수병과는 작전지속 지원이 보장된 지상작전을 수행하기 위해 제반 자원을 관리 및 지원하는 임무를 수행한다. 또한 제대별 전투력 수준을 유지하여 상시 전장에 투사할 수 있도록 여건을 보장한다.

군수병과는 2014. 10. 1 군수지원 분야 병과인 병기, 병참, 수송병과와 전투병과에서 병과 전환 인원을 통합하여 창설하였다. 이후 2002년 임관자부터 병참·병기·수송병과 장교는 소령 진급 시 군수병과로 일괄 전환되어 경력관리를 받고 있다. 2026년 현재 군수병과 대령이 배출되었고 2029년부터는 장군 진급자가 나올 것으로 예상한다. 지금은 병참병과 출신이 병과장 임무를 수행하고 있지만 향후 군수병과 출신 병과장이 배출될 것이다.

❶ 군수병과가 수행하는 과업과 요구되는 능력은?

군수병과는 부대 운영·유지 및 작전 활동에 필요한 탄약·식량·장비·물자 등 전투 필수 물자의 조달부터 관리·수송·보급까지 전 과정을 책임지며, 전투 지속능력을 유지하는 역할을 한다. 이 과정에서 작전개념에 따른 군수지원의 우선순위를 선정하여 효과적 지원이 되도록 조정, 통제한다.

이를 위해 군수병과 장교는 군수품 유통 체계와 국방 예산 운영에 대한 전문지식은 물론이고, 전투 상황에서의 신속한 문제 해결 능력과 타 부대와의 원활한 협업 역량을 갖춰야 한다. 또한 한미동맹에 의한 군수지원 체계를 유지해야 하므로 영어 구사 능력도 필요하다. 이 외에도 군수기능의 다양한 병과를 지휘해야 하므로 리더 역량도 함양해야 한다.

❷ 군수병과 장교의 경력관리 방법은?

군수병과 장교는 소령 진급과 동시에 관련 기능 병과의 통합과 전과를 통해서 획득된다. 따라서 위관 시기까지의 경력관리는 병기, 병참, 수송 및 전투병과 위관 보직 관리 기준을 따른다.

군수병과 소령은 지휘관, 작전사령부 이상 제대 및 정책부서, 군수사령부 등에서 실무를 수행한다. 요구되는 역량으로 군수 기능별 교육훈련 지도 능력, 군수정책과 연계된 참모 실무 능력, 리더 역량 등이다. 소령으로 진급 1년 차에 육군대학에서 소령 지휘참모 과정을 통해 사단급 제대 이상의 전술 및 직무수행 능력, 연합 및 합동작전 수행 능력을 배양한다. 전문학위 교육으로는 석사 및 박사학위 교육 기회가 부여된다. 군수병과는 소령 진급과 동시에 병기, 병참, 수송 분야가 통합된 직책을 수행하므로 직무향상 교육이 매우 중요하다. 따라서 야전 군수 관리자 과정, 성과 기반 군수지원 과정, 재난 안전 실무자 과정, 위험물 안전 관리자 과정 등 다양한 교육 기회가 부여된다.

소령은 필수직위로 군수지원부대 지휘관과 사·여단급 참모 부서 실무직위를, 선택직위로 군수지원사령부, 정비창 등의 군수부대 실무직위 및 정책부서 실무직위를 이수한다.

군수병과 중령은 대대장 임무 수행 후, 정책부서 및 군수부대 실무직위를 수행한다. 요구되는 역량은 군수부대 지휘 및 부대 관리 능력, 교육훈련 지도 능력, 여단급 이상 제대 참모 및 실무 수행 능력, 정책 기획 능력 등이다. 대대장 직무수행 능력 구비를 위해 중령 지휘참모 과정을 약 4주간 실시한다. 이 외에도 직무향상 교육 과정으로 군수 정책관리 과정, 획득관리 과정, 종합군수지원 과정 등이 있다.

중령 보직은 필수직위로 사(여)단 군수지원 대대장을, 선택직위로 군단급 이상 제대·정책부서 실무 직위를 이수하면 된다.

대령은 군수지원단장, 작전사령부 및 정책부서 과장 직위를 수행한다. 요구되는 역량은 군수부대 지휘 및 부대 관리 능력, 연합 및 합동작전 수행 능력, 군수병과 정책업무 능력 등이다. 직무능력 함양 교육으로 국방대 안보과정, 대령 지휘참모 과정 등이 있다.

 군대에서 꿈을 설계하다

병기,
무기체계 정비·보급의 중추 병과

병기병과는 지상군 작전을 위해 지상 장비 및 수리 부속, 정비, 탄약에 대한 소요를 판단하고 적시 적소에 보급하여 전투부대의 작전지속을 보장하는 임무를 수행한다. 또한 평소 무기체계와 탄약의 관리·정비·보급을 통해 전투력 유지를 책임지는 핵심 병과이다. 최근 러시아-우크라이나 전쟁에서 병기병과는 전통적 개념의 무기체계 관리를 넘어 첨단 무기 시스템 통합과 비대칭전 대응에 초점을 맞추며 역할을 확장했다. 즉, 병기병과는 장거리 포격, 유도무기, 드론 등 고효율 무기의 신속한 보급·정비와 실시간 데이터 연계를 통해 전투 효율성을 극대화했다.

❶ 병기병과가 수행하는 과업과 요구되는 능력은?

병기병과 장교는 기동·화력 부대의 공통 장비 및 수리 부속, 탄약에 대한 정책을 수립하고 소요 판단 및 보급, 유지보수 등의 과업을 담당한다.

요구 능력으로 전투장비 성능 점검 및 수리 능력, 탄약 관리 능력, 무기 구조와 작동 원리에 대한 전문 기술 지식, 전투 현장 문제 해결 역량이 요구된다. 또한 드론·AI 등 신기술 도입에 따른 기술 변화 적응력과 다양한 장비 운용에 따른 안전관리 역량도 필수적이다.

❷ 병기병과 장교의 경력관리 방법은?

병기 중·소위는 소대장 및 대대 참모를 수행한다. 이를 위해서 소대 지휘 및 참모 실무능력, 부대 편제 장비 및 무기체계 조작·정비 능력, 탄약 관리

및 정비 능력, 체력 및 정신력, 병영생활 지도 능력, 전장 리더십 등이 요구
된다. 이러한 역량을 구비하기 위해 약 4개월간의 신임장교 지휘참모 과정
외에도 직무 보수교육이 편성된다. 전문인력을 희망하는 장교는 주간 석사
위탁교육에 지원할 수 있다. 이 외에도 외국어 교육과정(영어, 제2외국어)에 지
원할 수 있다.

**병기 대위는 정비중대장, 대대 참모, 사단급 이상 제대 참모부 실무자로 임
무 수행한다.** 이를 위해 중대급 지휘통제 및 참모 실무 능력, 장비 정비 및
탄약 관리 능력, 정비·탄약부대의 전술적 운용 능력, 리더 역량 등이 요구된
다. 대위로 진급 시 종합군수학교에서 약 6개월간의 대위 지휘참모 과정을
통해 요구되는 역량을 함양한다. 병과 전문인력을 희망하는 장교는 주간 석
사 위탁교육에 지원할 수 있다.

**보직은 필수직위로 중대장 1개 직위(2년 이상)와 참모 1개 직위를 수행하
며, 이후 선택직위를 이수한다.** 중대장 직위는 사·여단 군수지원대나 탄약
창 탄약중대에서 2년 이상을 실시하고, 참모 직위는 대대 참모 또는 병과학
교 교관 직위 등을 이수한다. 선택직위로는 필수직위 이수 후 사·여단급 참
모부 실무 장교, 탄약사령부 등 군수기능 부대 참모장교 등을 수행한다.

병기병과 대위가 소령 진급 시 군수병과로 통합되어 경력관리가 된다. 이
후 보직 관리 내용은 군수병과 소령을 참조 바란다.

　　　　　　　　　　　군대에서 꿈을 설계하다

병참, 전장 보급의 중추 병과

　병참병과는 부대 전투력 유지에 필요한 급식, 물자, 연료, 축성 자재에 대한 보급지원과 급양 지원, 물자 정비, 영현 업무 등의 근무지원을 제공한다.

　특히, 작전부대에 보급품을 적시적으로 지원함으로서 최대의 전투력 발휘 여건을 보장한다. 최근 첨단 과학기술과 민간 영역의 물류체계가 육군의 보급지원 체계와 접목되어 효율적이고 체계적인 보급지원이 이루어지고 있다.

　2014년 군수병과 창설에 따라 2002년도 임관자부터는 소령으로 진급과 동시에 군수병과로 통합되어 통합 군수지원의 핵심적 역할을 한다.

❶ 병참병과가 수행하는 과업과 요구되는 능력은?

　병참병과 장교는 지원 대상 부대에 대한 보급 및 근무지원, 계약 및 검수 업무, 전투준비 및 교육훈련 등의 업무를 수행한다.

　요구 능력으로는 병과 업무 관련 기술과 전문지식, 소요 예측 및 지원 능력, 전술적 상황 조치 능력, 협동작전 수행 능력 등이 있다. 또한 군수 정보 체계 운용 능력, 보급지원 체계의 이해 및 운용 능력 배양을 통해 병참병과 장교로서의 임무 수행 능력을 배가할 수 있다.

❷ 병참병과 장교의 경력관리 방법은?

　병참 중·소위는 소대장 및 대대 참모를 수행한다. 이를 위해서 소대 전투 지휘 및 참모 실무능력, 군수품 저장관리 및 물품 출납 업무능력, 안전관리 실무 역량, 리더 역량 등이 요구된다. 이러한 역량을 구비하기 위해 약 4개월간의 신임장교 지휘참모 과정 외에도 직무 보수교육이 편성된다. 전문인력을 희망하는 장교는 주간 석사 위탁교육에 지원할 수 있다. 이 외에도 외국어 교육과정(영어, 제2외국어)에 지원할 수 있다.

병참 대위는 사·여단 군수지원대대 또는 보급대대 중대장, 대대 참모, 사단급 이상 제대 참모부 실무자로 임무 수행한다. 이를 위해서 중대급 지휘통제 및 참모 실무능력, 물품 출납 업무 및 군수품 관리 능력, 안전 관리 능력, 리더 역량 등이 요구된다. 대위 진급 시 종합군수학교에서 약 6개월간의 대위 지휘참모 과정을 통해 요구되는 역량을 함양한다. 병과 전문인력을 희망하는 장교는 주간 석사 위탁교육에 지원할 수 있다.

보직은 필수직위로 중대장 1개 직위와 선택직위를 수행한다. 중대장 직위는 사·여단 군수지원대대 중대장 또는 군수지원사령부 보급대대 중대장 중 1개 직위 18개월을 이수한다. 선택직위는 필수직위 이수자를 대상으로 사·여단급 참모부 실무장교, 학교 교관, 대대 지원통제과장 등의 직위에 보직한다.

병참 대위가 소령 진급 시 군수병과로 통합되어 경력관리가 된다. 따라서 이후 보직 관리 내용은 군수병과 소령을 참조하기 바란다.

수송병과, 전력 수송의 핵심 병과

수송병과는 기동과 작전지속 지원의 핵심 병과로 병력·장비·물자의 신속한 이동과 보급을 통해 전투력 유지를 책임진다. 평시에는 차량·철도·항공기를 활용한 일상적 수송 지원과 정비 업무를 담당하고, 전시에는 전장 상황에

최적화된 민·관·군 통합 수송 체계를 구축하여 군사적 목적을 달성한다. 군사 작전간 주 임무는 수송 수단 운용과 이동통제 및 터미널 운용을 통해 전투부대의 기동성과 작전지속 지원을 보장하는 것이다

2014년 군수병과 창설에 따라 2002년도 임관자부터는 소령으로 진급과 동시에 군수병과로 통합되어 인사관리가 된다.

❶ 수송병과가 수행하는 과업과 요구되는 능력은?

군·사단급 이하 제대의 수송 장교는 해 제대의 작전계획에 부합된 수송지원 계획을 수립·시행한다. 또한 작전 차량 및 장비가 원활하게 책임지역 내를 이동할 수 있도록 병참선 사용을 통제한다.

요구 능력으로 수송 장교는 해부대의 작전계획 이해, 군수품 운송 시스템에 대한 전문 지식, 위기 대응 역량(**병참선 창의적 해결**), 타 병과와의 협업 능력 등을 갖춰야 한다.

❷ 수송병과 장교의 경력관리 방법은?

수송 중·소위는 수송부대 소대장 및 대대 참모를 수행한다. 수송중대 소대장을 우선 보직하고 이후 참모장교 직위에 1년 이상 보직한다. 이를 위해서 소대장 임무 수행 및 참모 실무 능력, 수송 체계 및 국방 수송 정보체계에 대한 이해, 편제 수송 장비 조작 및 정비 능력, 체력 및 정신력, 병영생활 지도 능력, 전장 리더십 등이 요구된다. 이러한 역량을 구비하기 위해 약 4개월간의 신임장교 지휘참모 과정 외에도 직무 보수교육이 편성된다. 전문인력을 희망하는 장교는 주간 석사 위탁교육에 지원할 수 있다. 이 외에도 외국어 교육과정(**영어, 제2외국어**)에 지원할 수 있다.

수송 대위는 수송 중대장, 대대 참모, 사단급 이상 제대 참모부 실무자로

임무 수행한다. 이를 위해 중대급 지휘통제 및 참모 실무 능력, 편제장비 정비 및 관리 능력, 수송부대의 전술적 운용 능력, 리더 역량 등이 요구된다. 대위로 진급 시 종합군수학교에서 약 6개월간의 대위 지휘참모 과정을 통해 요구되는 역량을 함양한다. 병과 전문인력을 희망하는 장교는 주간 석사 위탁교육에 지원할 수 있다.

보직은 필수직위로 중대장 2개 직위와 선택직위를 이수한다. 중대장 직위는 사·여단 군수지원대대 수송중대, 군수지원부대 수송중대에서 각각 18개월 이상을 실시한다. 참모 직위는 대대 참모, 병과학교 교관, 사·여단급 참모부 실무 장교 등에 보직한다.

수송병과 대위가 소령 진급 시 군수병과로 통합되어 경력관리가 된다. 따라서 이후 보직 관리 내용은 군수병과 소령을 참조하기 바란다.

화생방, 대량 살상무기 대응 전문병과

화생방병과는 화학, 생물학, 방사능(CBRN) 위협으로부터 국가와 국민, 군인의 안전을 지키기 위해 탐지·제독·방호 임무를 수행하는 핵심 병과다.

주요 역할은 평시 화생방 테러 및 사고 등 비군사적 위협과 북한의 WMD 대응 및 아군 공격·방어작전 지원 등을 수행한다. 구체적으로, 화생방 물질 탐지 및 분석을 통해 오염 지역을 식별하고, 화생방작전 전용 장갑차나 제독 장비를 활용해 신속한 오염 제거 작업을 수행한다. 또한 대민 지원 작전으로 급수 지원, 감염병 발생 시 방역 지원 등을 실시하여 대국민 신뢰를 제고한다.

화생방병과 신임장교는 매년 전체 임관 인원의 3% 내외 수준으로 기술행정병과 초임장교 중 세 번째로 큰 비중을 차지한다. 최고 진출 계급은 준장이며, 그 외 소수의 준장 직위가 있다.

❶ 화생방병과가 수행하는 과업과 요구되는 능력은?

화생방 장교는 최소 대대급 이상 제대에서 화생방작전 통제, 공격·방어작전 시 화생방 감시 및 정찰, 오염 지역에 대한 화생방 제독, 연막작전, WMD(대량 살상무기) 제거 작전, 민간 대상 화생방테러 대비 작전 등 다양한 과업을 수행한다.

요구 능력으로, 상황 발생 시 오염 지역 탐지·분석·제독 능력, 민관군 통합 상황대처 능력, 아군 방호 및 작전 지속성 보장을 위한 방호체계 구축 능력 등이 해당한다. 또한 보병·포병 여단에 화생방 장교가 편성됨에 따라 지상작전 지원을 위한 화생방 장비 운용 및 관리 능력, 피해 장비 복구 및 후송 절차를 감독할 수 있는 능력이 요구된다. 연합훈련 시에는 WMD 제거 작전을 위한 연합작전 수행 능력이 필요하다.

❷ 화생방병과 장교의 경력관리 방법은?

화생방 중·소위는 화생방부대 소대장 및 대대 참모를 수행한다. 통상 소대장을 우선 보직하고 이후 참모장교 직위에 보직한다. 이를 위해서 소대장 임무 수행 및 참모 실무 능력, 편제 화생방 장비 조작 및 정비 능력, 체력 및 정신력, 병영생활 지도 능력, 전장 리더십 등이 요구된다. 이러한 역량을 구비하기 위해 약 4개월간의 신임장교 지휘참모 과정 외에도 직무 보수교육이 편성된다.

화생방 대위는 화생방 중대장, 대대 참모, 군단급 이상 제대 참모부 실무자로 임무 수행한다. 요구되는 능력으로 중대급 지휘통제 및 참모 실무 능력,

화생방 편제장비 정비 및 관리 능력, 화생방부대의 전술적 운용 능력, 리더 역량 등이 요구된다. 대위로 진급 시 화생방학교에서 약 6개월간의 대위 지휘참모 과정을 통해 요구되는 역량을 함양한다. 병과 전문인력을 희망하는 장교는 주간 석사 위탁교육에 지원할 수 있다.

보직은 필수직위로 중대장 1개 직위와 대대 정작과장 직위를 이수하고 이후 선택직위를 수행한다. 중대장 직위는 사·군단 화생방중대에서 18개월 이상을 실시한다. 이후 대대 정작과장 또는 화생방학교 교관 직위를 수행하면 필수직위를 이수하게 된다. 선택직위는 육·국직 화생방 부대 및 군단 화생방 참모 요원, 병과학교 교관 등의 직위에 보직한다.

화생방 소령은 정책부서 및 화생방사령부 실무장교, 사단급 화생방대대장 직위에 보직된다. 이를 위해 요구되는 역량은 군단급 이상 제대의 화생방작전 수행 능력, 제대별 화생방 지원 체계 이해 및 운용 능력, 전시 연합 및 합동작전 수행 능력 등이다. 소령 진급 1년 차에 육군대학에서 소령 지휘참모 과정을 통해 사단급 제대 이상의 전술 및 직무수행 능력, 연합 및 합동작전 수행 능력을 배양한다. 화생방병과는 전문성이 매우 요구되는 병과로 WMD 제거 및 대응 과정, 핵 방사능 사고대응 등 다양한 직무 보수교육을 받는다.

소령 보직은 필수직위로 사단급 화생방대대장 및 참모 직위를, 선택직위로 군단급 이상 제대의 화생방 실무자, 학교 기관 지휘관 및 훈육 장교 직위를 이수한다.

화생방 중령은 대대장 직위 수행 후 화생방사령부, 합참 및 연합사, 정책부서에서 참모 직위를 이수한다. 요구되는 역량은 리더십 및 화생방대대 지휘 능력, 화생방 부대의 전술·전략적 운용 능력, 정책 기획 능력 등이다. 직무수행 능력 구비를 위해 중령 지휘참모 과정을 약 4주간 실시한다.

중령 필수직위는 전방사단 화생방대대장과 군단급 이상 제대의 화생방대 대장 2개 직위이다. 이후 선택직위로 정책부서 실무직위, 합참 및 연합사 실무직위 등을 이수한다.

화생방 대령은 필수직위와 선택직위 구분이 없다. 작전사급 이상 제대 과장, 국군 화생방사령부 및 정책부서 과장 직위를 수행한다.

군사경찰, 전투 임무와 군법 수호의 병과

군사경찰 병과는 전투 및 전투지원, 작전지속지원 임무를 수행한다. 즉, 군사경찰 특임대를 활용한 대테러 작전 및 기동 타격, 탐색 격멸 작전 등 전투 임무를 수행한다. 전투지원 임무로는 호송 및 교통통제, 경계 및 경호, 포로 관리 등을 실시한다. 작전지속지원 임무로는 수사, 사고 예방, 교정 업무 등을 수행한다. 또한 군법과 규정 준수 여부를 확인하여 군기 및 질서를 유지하는 역할을 한다. 군사경찰은 2020년 헌병에서 군사경찰로 명칭이 변경되며 민간 수사기관과의 연계가 강화되었다.

군사경찰 신임장교는 매년 전체 임관 인원의 2% 이내 수준으로 최고 진출 계급은 준장이다.

❶ 군사경찰 병과의 수행 과업과 요구되는 능력은?

군사경찰 장교의 주요 수행 과업은 다음과 같다. 먼저 특임부대를 운용하여 후방지역에 적 특수작전부대 침투시 적을 식별하여 격멸하고, 평시에는 민간 및 군 시설에 대한 대테러 작전 임무를 수행한다. 또한 작전 지역 내 주요 도로에서 인원, 장비, 물자의 원활한 흐름을 보장한다. 그 외에도 병영 내 사건 사고 발생 시 조사 및 수사를 담당한다.

요구 능력으로 적 및 테러 위협에 대비한 전술·전기, 긴급 상황 대응력, 민관군 협력 네트워크 구축 능력이 요구된다. 또한, 군사법원과의 연계를 통한 법적 판단력과 사건 조사 능력도 필요하다.

❷ 군사경찰 장교의 경력관리 방법은?

군사경찰 중·소위는 소대장 및 군사경찰 대대급 참모를 수행한다. 통상 소대장을 우선 보직하고 이후 참모장교 직위에 보직한다. 요구 능력으로 소대장 임무 수행 및 참모 실무 능력, 편제 전투장비 조작 능력, 체력 및 정신력, 병영생활 지도 능력, 전장 리더십 등이 요구된다. 이러한 역량을 구비하기 위해 약 4개월간의 신임장교 지휘참모 과정 외에도 특임대 지휘자반 등의 직무 보수교육이 편성된다. 군사경찰 중·소위는 야전부대 근무 경험을 위해 전문학위 과정은 없다.

군사경찰 대위는 중대장, 군단급 이하 참모장교, 작전사령부 이상 제대 실무자로 임무 수행한다. 이를 위해 중대급 지휘통제 및 참모 실무 능력, 편제 장비의 전술적 운용 능력, 수사 실무 및 수사 지도 능력, 안전 및 부대 관리 능력, 리더 역량 등이 요구된다. 대위로 진급 시 약 6개월간의 대위 지휘참모 과정을 통해 요구되는 역량을 함양한다. 병과 전문인력을 희망하는 장교는 주간 석사 위탁교육에 지원할 수 있다.

보직은 필수직위로 중대장 1개 직위와 군단 이하 제대의 참모를 이수하고, 이

후 선택직위를 수행한다. 중대장 직위는 특임중대장 및 군사경찰 중대장 중 이수하면 된다. 이후 군단 및 사단 정작장교 직위를 수행하면 필수직위를 이수하게 된다 선택직위는 군단 및 사단 수사장교, 병과학교 교관 등에 보직한다.

군사경찰 소령은 지휘관, 군사경찰 제대의 주요 참모 직위에 보직된다. 이를 위해 요구되는 역량은 제대 총괄 업무 수행 능력, 편제장비의 전술적 운용 능력, 수사 지도 능력, 안전 및 부대 관리 능력 등이다. 소령 진급 1년 차에 육군대학에서 소령 지휘참모 과정을 통해 사단급 제대 이상의 전술 및 직무수행 능력, 연합 및 합동작전 수행 능력을 배양한다.

소령 보직은 필수직위로 사·군단 정작과장 또는 수사과장 직위를 이수해야 하며, 선택직위로 소령급 지휘관 또는 교관 직위를 수행한다.

군사경찰 중령은 대대장 수행 후 정책부서에서 참모 직위를 이수한다. 중령으로서 요구되는 역량은 리더 역량, 군사경찰 기능부대 전술·전략적 운용 능력, 정책 기획 능력 등이다. 중령 직무수행 능력 구비를 위해 중령 지휘참모 과정을 약 4주간 실시한다. 또한 정책 실무과정과 합동 고급과정을 통해 작전술 구상 능력과 군사경찰 분야 정책 수립 능력을 배양한다.

중령 기간 필수직위는 전방사단 군사경찰대대장을, 선택직위로 정책부서 및 대외부서 실무직위를 이수한다.

군사경찰 대령은 필수직위로 군단 군사경찰단장 직위를 이수 후에 선택직위로 정책부서 과장 직위를 수행한다. 요구되는 역량은 군사경찰 최고 전문가로서 정책 기획과 계획 능력, 군사경찰 기능부대 전술적 운용 및 지휘 능력, 병과 발전소요 도출 능력 등이다.

인사, 장병 인사와 기록물 관리 중심 병과

　인사병과는 인력관리, 인사정책 수립, 기록물 및 병적관리, 인사근무 등을 통해 육군 업무의 효율성 발휘와 전투력 유지 역할을 한다.

　최초 부관병과로 창설되었고 2014년에 인사행정 병과로 확대 개편되었다. 과거 부관(인사행정) 업무에 더해 인력획득, 인사근무, 전역장병 지원 업무가 병과 임무에 포함되었다. 따라서 당시 전투병과 장교가 전담하던 여단급 이하 인사장교 직위에 인사병과 장교도 보직될 수 있도록 제도가 바뀌었다. 현재는 군단 참모 직위까지 인사병과 장교가 보직된다.

　인사병과 신임장교의 선발 비율은 매년 전체 임관 인원의 1% 수준으로, 그 규모가 크지 않은 편이다. 최고 진출 계급은 준장으로 인사사령부 인사행정처장 직위를 담당한다.

❶ 인사병과가 수행하는 과업과 요구되는 능력은?

　인사병과 장교의 수행 과업은 다음과 같다. 먼저 전·평시 작전지속능력 유지를 위해 편제된 병력을 유지하고, 우수 인재 획득을 통해 육군의 재원을 양성한다. 또한 국가 기술 자격시험 업무와 인쇄지원, 군사우편 업무 등 다양한 인사행정을 지원한다. 그 외에도 대대급 이상 제대의 인사참모 직위에 보직되어 해당 제대의 인사업무를 총괄한다.

　요구되는 능력으로 제대별 참모 직위를 수행하기 위해 전투병과에 대한 이해, 전·평시 인사업무 수행 능력, 데이터 관리 및 기록관리 자격, 인력획득을 위한 인적 네크워크 구성 능력 등이 있다.

❷ 인사병과 장교의 경력관리 방법은?

인사 중·소위는 대대급 인사과장으로 보직을 원칙으로 하되 부대 여건에 따라 사단 실무자, 직할부대 참모를 수행한다. 요구되는 능력은 참모 실무 능력, 인사 관련 법령체계 이해, 인사 정보체계 운용 능력, 안전 업무 수행 능력 등이다. 이러한 역량을 구비하기 의해 약 4개월간의 신임장교 지휘참모 과정 외에도 기록정보 관리반 과정 등을 이수한다.

인사 대위는 군단급 이하 제대에서 참모 및 실무자로 임무 수행한다. 이를 위해 참모 실무 능력, 전투부대 전술적 운용에 대한 이해, 안전활동 수행 능력 등이 요구된다. 대위로 진급 시 약 6개월간의 대위 지휘참모 과정을 통해 요구되는 역량을 함양한다. 병과 전문인력을 희망하는 장교는 주간 석사 위탁교육에 지원할 수 있다.

보직은 필수직위로 사·여단 실무 장교와 여단 인사장교를 수행하며, 선택 직위로 교관, 정책부서 실무 직위를 이수한다.

인사 소령은 여단급 이상 제대 참모 및 실무 직위, 정책부서 실무 직위에 보직된다. 이를 위해 요구되는 역량은 참모 실무 능력, 여단급 이상 제대의 전투수행 방법 이해, 정책기획 능력 등이다. 소령 진급 1년 차에 육군대학에서 소령 지휘참모 과정을 통해 사단급 제대 이상의 전술 및 직무 수행 능력, 연합 및 합동작전 수행 능력을 배양한다.

소령 보직은 필수직위로 여단급 이상 제대 참모를 이수해야 하며, 선택직위로 정책부서 실무 및 교육기관 훈육 장교 직위에 보직한다.

인사 중령은 군단급 이하 참모, 정책부서 실무 직위를 이수한다. 중령으로 요구되는 역량은 고위 참모 실무 능력, 사단급 이상 제대의 전투 수행 방법 이해, 여단급 이하 인사 실무자 지도 능력, 정책 기획 능력 등이다. 중령 직무 수행 능력 구비를 위해 중령 지휘참모 과정을 약 4주간 이수한다. 또한 정책관리 과정과 합동 고급과정을 통해 작전술 구상 능력과 국방 정책분야 정책 수립 능력을 배양한다.

인사 대령은 필수직위로 군단급 제대 참모 직위를, 선택직위로 작전사급 이상 제대 및 정책부서 과장 직위를 수행한다. 요구되는 역량은 인사병과 최고 전문가로서 정책 기획과 계획 능력, 인사 기능부대 전술적 운용, 병과 발전소요 도출 능력 등이다. 이러한 능력을 함양하기 위해 대령 지휘참모 과정과 대령 정책관리 과정, 국방대 안보과정 교육 기회를 부여한다.

재정, 국방 예산 집행의 전문 관리 병과

재정병과는 육군 정책구현과 부대운영에 소요되는 예산 편성·집행 관리, 재정 정책 수립, 자산 관리 및 감사 등을 통해 군의 재정 운영 효율성과 투명성을 확보하는 핵심 역할을 수행한다. 국방 예산의 효율적 배분을 위해 전략적 기획을 주도하고, 재정 감사를 통해 예산 집행의 적법성과 효과성을 점검하며, 부정 사용 사례를 사전에 차단함으로써 군의 재정 건전성을 유지한다.

재정병과 신임장교는 매년 전체 임관 인원의 1% 이내로 기술·행정병과 신임장교 중 가장 낮은 비율을 차지한다. 최고 진출 계급은 준장으로 재정병과장 임무를 수행한다.

❶ **재정병과가 수행하는 과업과 요구되는 능력은?**

재정병과 장교 수행 과업 다음과 같다. 먼저 예산편성 업무로 육군의 전력운영비 중기계획에 의거 육군 정책사업에 대한 예산 편성을 담당한다. 또한 육군 정책사업을 매년 예산화하여 예하 부대에 재원을 배분한다. 편성된 예산에 대해 집행, 조정, 결산을 담당하되 예산 집행 절차가 준수되도록 예하 부대를 지도하고 지휘관에게 관련 조언을 한다.

요구되는 역량으로는 재정 법규 및 회계 기준에 대한 전문 지식, 국방통합 재정정보체계 등 정보화체계 활용 능력, 예산 편성 실무 역량, 감사 기법 활용을 통한 리스크 관리 등이 요구된다. 특히 최근에는 AI 기반 예측 모델을 도입해 예산 편성의 정확성을 높이거나, 블록체인 기술을 활용한 자산 추적 시스템 구축 등 첨단 기술을 접목하려는 노력이 확대되고 있다.

❷ **재정병과 장교의 경력관리 방법은?**

재정 중·소위는 사단급 제대 출납장교를 보직한 이후 군단급 이상 부대 실무직위를 담당한다. 요구되는 능력은 국고금 관리에 관한 법령 이해 및 적용 능력, 재정 관련 정보체계 운용 능력, 참도부서 실무 능력 등이다. 이러한 역량을 구비하기 위해 약 4개월간의 신임장교 지휘참모 과정을 부여하고, 직무 보수교육으로 재정정보 운용반 과정을 운용한다.

재정 대위는 사·여단급 제대 실무직위와 교관 직위를 이수한다. 이를 위해 예산 관련 계획 수립 및 편성 능력, 국고금 관리에 관한 법령 이해 및 적용 능력, 계약 업무 수행 능력, 재정 관련 정보체계 운용 능력, 참모부서 실무 능력 등이 요구된다. 대위로 진급 시 약 6개월간의 대위 지휘참모 과정을 통해 요구되는 역량을 함양한다. 병과 전문인력을 희망하는 장교는 주간 석사 위탁교육에 지원할 수 있다.

보직은 필수직위로 사·여단 예산 및 재정장교를, 선택직위로 각급 제대 참모장교와 교관 직위를 이수한다.

재정 소령은 사단급 제대 참모 및 실무 직위, 군단급 이상 및 정책부서 실무 직위에 보직된다. 이를 위해 요구되는 역량은 참모 실무 및 조직관리 능력, 계약 관리 능력, 정책 기획 능력 등이다. 소령 진급 1년 차에 육군대학에서 소령 지휘참모 과정을 통해 사단급 제대 이상의 전술 및 직무수행 능력, 연합 및 합동작전 수행 능력을 배양한다. 국외 군사교육으로 미. 국방회계 과정에 지원할 기회가 주어진다.

소령 보직은 필수직위로 사단 재정참모를, 선택직위로 군단급 이상 제대 및 정책부서 실무직위를 이수한다.

재정 중령은 군단급 제대 부서장, 작전사급 이상 제대 및 정책부서 실무 직위를 이수한다. 중령으로서 요구되는 역량은 재정업무 관리 및 통제 능력, 기획재정부 등 대외기관 대상 예산 협의 능력, 금융경제 교육 및 상담 능력, 정책기획 능력 등이다. 중령 직무수행 능력 구비를 위해 중령 지휘참모 과정을 약 4주간 실시한다. 또한 정책관리 과정과 합동 고급과정을 통해 국방 정책분야 정책 수립 능력을 배양한다.

필수직위로 사단 재정참모 또는 군단 예산/회계과장을 이수하고, 이후 선택직위로 작전사급 이상 제대 실무 직위를 수행한다.

재정 대령은 필수직위로 군단 재정참모 직위를 이수하고, 선택직위로 작전사급 이상 제대 및 정책부서 과장 직위를 수행한다. 요구되는 역량은 대외부서와 예산편성 및 주요 현안 협력 역량, 재정병과 최고 전문가로서 재정부서 지도 능력, 병과 발전소요 도출 능력 등이다. 이러한 능력을 함양하기 위해 대령 지휘참모 과정과 대령 정책관리 과정, 국방대 안보과정 교육 기회를 부여한다.

정훈, 장병 정신전력 강화를 담당하는 병과

정훈병과는 장병 정신전력 교육을 통하 군인으로서 올바른 국가관과 가치관을 함양하고, 군 내·외 소통 강화, 대적관 확립 및 정신적 대비 태세 강화, 홍보 활동을 통해 군의 사기와 대국민 신뢰 확보에 중점을 둔 역할을 수행한다.

최근에는 기존 SNS를 대체하는 새로운 플랫폼 등장과 1인 미디어의 영향력 확대 등으로 새로운 여론 형성 방식이 등장했다. 또한 AI의 발전, AR(증강 현실), VR(가상현실), MR(Mixed Reality, 혼합 현실)의 등장으로 장병 교육 및 공보에 있어서 많은 변화를 추구하고 있다.

정훈병과 신임장교는 매년 전체 임관 인원의 4% 내외 수준으로 임관한다. 병과의 최고 계급은 준장으로 육군 정훈실장 직위를 수행한다.

❶ 정훈병과가 수행하는 과업과 요구되는 능력은?

정훈 장교 수행 과업 다음과 같다. 먼저 국가관과 대적관 확립을 위한 정신전력 교육을 실시하여 장병 전투력 강화에 기여한다. 또한 문화예술 활동을 통해서 사기를 진작하며 전략적 홍보활동을 통해서 국민과 소통하여 대군 신뢰도를 높인다. 이 외에도 공보 수행 체계를 구축하여 사실에 입각한 공보 활동으로 육군의 홍보 및 부정적 이수에 대해 대응한다.

요구되는 역량으로는 정신전력 교육 역량, 전략적 커뮤니케이션 역량, 디지털 미디어 제작 및 분석 능력, 부정적 이슈에 대한 위기관리 역량, 법적·윤리적 기준에 따른 공보 활동 수행 능력이 요구된다. 또한, 최신 추세를 반영한 AI 기반 데이터 분석으로 여론 동향을 파악하거나 VR·AR 기술을 활용한 몰입형 정신전력 교육 콘텐츠를 개발하는 등의 능력도 요구된다.

❷ 정훈 장교의 경력관리 방법은?

정훈 중·소위는 사단급 이하 제대의 정훈장교 임무를 수행한다. 요구되는 능력은 참모부서 실무 능력, 정훈 업무의 계획 및 시행 능력, 정신전력 교관 능력 등이다. 이러한 역량을 구비하기 위해 약 4개월간의 신임장교 지휘참모 과정을 이수하고, 직무 보수교육으로 정신전력교육원에서 주관하는 다양한 과정에서 교육을 받을 수 있다.

정훈 대위는 사·여단급 제대 정훈 실무 직위 및 교관 직위를 이수한다. 이를 위해 사·여단급 부대 공보정훈 실무 능력, 정신전력 교관 능력 등의 역량이 요구된다. 대위로 진급 시 약 6개월간의 대위 지휘참모 과정을 통해 요구되는 역량을 함양한다. 직무향상교육으로 국방정신전력원에서 통일안보 과정, 군인정신 리더 과정 등을 이수할 수 있다. 병과 전문인력을 희망하는 장교는 주간 석사 위탁교육에 지원할 수 있다.

보직은 필수직위로 사단 정신전력 교육장교, 여단급 정훈과장 직위를, 선택직위로 여단급 참모, 교관, 작전사급 이하 실무 직위를 담당한다.

정훈 소령은 사·여단급 제대 참모, 군단급 이상 실무 직위에 보직된다. 이를 위해 요구되는 역량은 참모 실무 능력, 군단급 이상 제대의 공보정훈 실무 능력, 정책부서의 병과 업무체계 이해, 대외 기관과의 협력 능력 등이다.

　　　　　　　　　　　　　　　　　　　군대에서 꿈을 설계하다

소령 진급 1년 차에 육군대학에서 소령 지휘참모 과정을 통해 사단급 제대 이상의 전술 및 직무 수행 능력, 연합 및 합동작전 수행 능력을 배양한다. 국외 군사교육으로 미. 공보학교 교육 기회가 주어진다. 이 외에도 국방정신전력원에서 주관하는 다양한 직무 향상교육을 이수할 수 있다.

소령 보직은 필수직위로 작전사급 이하 참모 직위 2개를, 선택직위로 정책부서 실무장교, 교관 등의 직위를 이수한다.

정훈 중령은 사단 참모, 군단급 이상 제대 실무 장교, 정책부서 실무 직위를 이수한다. 중령으로서 요구되는 역량은 참모 실무 능력, 국방 정책 및 육군 정책 이해, 연합 및 합동 공보작전 수행 능력, 전략적 소통 능력, 육군 홍보정책 기획 및 수행 능력 등이다. 중령 직무 수행 능력 구비를 위해 중령 지휘참모 과정을 약 4주간 실시한다. 또한 정책관리 과정과 합동 고급과정을 통해 국방정책 분야 정책 수립 능력을 배양한다.

필수직위로 사단 정훈참모를 이수하고, 이후 선택직위로 작전사급 이상 제대 및 정책부서 실무 직위, 교관직위를 수행한다.

정훈 대령은 필수직위로 군단 정훈참모 및 정책부서 과장 직위를 이수하고, 선택직위로 작전사급 이상 제대 및 육본 이상 정책부서의 정훈실장 또는 과장 직위를 수행한다.

의정, 군 의료행정을 담당하는 전문 병과

　의정병과는 특수병과 중 하나로, 지상 및 합동작전 간 신뢰할 수 있는 의무지원을 통해 승리를 보장할 수 있는 핵심 역할을 한다. 또한 군의 의무 지원 체계 관리, 보건·위생 업무 수행, 의무 정책 기획 등을 통해 군의 전투력 유지와 장병 복지 향상에 기여하는 역할을 담당한다. 의정병과 장교는 주로 지휘관 또는 참모로서 부대의 의무 행정 업무를 총괄하며, 보건 계열 전문성을 바탕으로 의료자원 관리, 의약품 보급, 시설 운영 등을 효율적으로 수행한다.

　의정병과 신임장교는 매년 전체 임관 인원의 2% 이내 수준으로 임관한다. 병과의 최고 계급은 대령으로 장군 진출은 제한된다. 다만, 다수의 대령 직위가 있어 병원장 직위를 포함한 병과 전문가로서의 다양한 역할을 수행하고 있다.

❶ 의정병과가 수행하는 과업과 요구되는 능력은?

　의정병과 장교는 군 의료정책에 대한 기획 및 시행 업무를 담당하고 전시 의무작전 계획을 수립한다. 또한 미래 전장 환경에 부합된 의무지원 체계 발전을 위한 다양한 과업을 수행한다. 이 외에도 병원 원무 행정, 환자 관리, 국가 위기상황 시 의료 대응체계 구축 등과 같은 과업을 담당한다. 이러한 **과업 수행을 위해 의무 관련 전문 지식(보건·의료 법규, 의약품 관리), 의무 행정 및 보급 시스템 운영 능력, 의무 정책 기획 및 실행 능력, 위기 상황에서의 의무 지원 능력 등이 요구된다.**

❷ 의정 장교의 경력관리 방법은?

의정 중·소위는 사단급 의무부대에서 소대장 및 참모 직위를 수행한다. 요구되는 능력은 전·평시 의무 지원을 위한 환자후송 체계 및 소부대 전투기술 숙달, 참모부서 실무 능력, 소부대 리더 역량 등이다. 이러한 역량을 구비하기 위해 약 4개월간의 신임장교 지휘참모 과정과, 직무 보수교육으로 의무학교에서 주관하는 의무 보급 실무자 및 원무 행정 직무반, 응급처치 과정을 이수한다. 이 외에도 전문학위 과정으로 의학, 치의학, 수의학 학사과정에 지원할 수 있다.

의정 대위는 의무지원부대 지휘관 및 참모, 교관 직위를 이수한다. 이를 위해 리더 역량 및 참모 실무 능력, 전·평시 의무지원 수행 능력, 사단급 제대의 의무지원 계획 수립 및 시행 능력 등이 요구된다. 대위로 진급 시 약 6개월 간의 대위 지휘참모 과정을 통해 요구되는 역량을 함양한다. 직무향상교육으로 의무학교에서 의무 보급 실무자반, 부대 역학조사반, 전투부상자 처치 등 다양한 교육을 받을 수 있다. 또한 병과 전문인력 양성을 위해 의공학, 국제보건학 등에 석사 과정을 지원할 수 있다.

보직은 필수직위로 사단 의무대 참모직위를 이수하고, 선택직위로 병원 실무장교, 사·여단급 참모, 교관 직위를 수행한다.

의정 소령은 사단급 의무부대 지휘관 및 사단급 이상 제대 실무직위에 보직된다. 이를 위해 요구되는 역량은 의무 관련 제 병과를 관리할 수 있는 리더 능력, 군단급 작전 이해 및 의무 지원 능력, 연합 작전 및 파병부대 의무 지원을 위한 어학 능력 등이다. 소령 진급 1년 차에 육군대학에서 소령 지휘참모 과정을 통해 사단급 제대 이상의 전술 및 직무 수행 능력, 연합 및 합동 작전 수행 능력을 배양한다. 직무향상교육으로 민간의료기관, 정부 유관기관, 과학기술 연구기관에 연수 기회가 주어진다.

소령 보직은 필수직위로 지역방위 사단 및 동원 사단 의무대장을, 군단급 이상 제대 및 정책부서에서 실무장교로 선택직위를 이수한다.

의정 중령은 사단급 의무대장 및 군단급 이상 제대 실무 장교, 정책부서 실무 직위를 이수한다. 중령으로서 요구되는 능력은 리더 역량 및 참모 실무 능력, 의무 정책 수립 능력, 제병 협동 및 연합작전 수행 능력 등이다. 중령 직무 수행 능력 구비를 위해 중령 지휘참모 과정을 약 4주간 실시한다. 또한 정책관리 과정과 합동 고급과정을 통해 국방 정책분야 정책 수립 능력을 배양한다. 직무 향상교육으로 보건복지부, 질병관리 본부 등의 대외 기관에서 직무연수를 받을 수 있다.

필수직위로 전방사단 의무부대장 직위를 이수하고, 이후 선택직위로 군단급 이상 제대 및 정책부서 실무 직위, 교관 직위를 수행한다.

의정 대령은 정책부서 및 작전사급 이상 제대 과장 직위를 이수한다. 요구되는 역량은 병과 리더로서의 역량, 의무 정책 입안 능력, 전략적 수준의 의무 지원 계획 수립 능력 등이다.

군의·치의·수의·간호병과

앞에서 설명한 의정병과를 포함해 군의, 치의, 수의병과는 특수병과로 관

리된다. 군의 및 치의병과 장교는 의사, 치과의사, 한의사 면허를 보유한 의료 전문 장교로서, 군인의 건강 관리와 전투력 유지에 핵심적인 역할을 한다. 수의 장교는 동물 보건 및 감염병 방역 전문가로서 군 내 공중보건 관리와 전투력 유지에 핵심적인 역할을 수행한다. 간호병과 장교는 군의관과 협력하여 전투 현장에서 부상자 처치, 수술 지원, 중증 환자 관리 등을 담당한다. 또한 감염병 예방 접종, 건강 검진 등을 통해 전염병 차단과 비전투 손실을 예방한다.

군의병과 장교들은 대부분 단기 복무 후 전역한다. 다만, 의과대학 위탁 교육 후 군의관으로 임관한 인원은 10년 이상 장기복무한다. 단기 복무자를 포함한 전 병과 중·소위를 대상으로 매년 12명 내외의 군의·치의 장교 희망자를 선발한다. 이때 대학(사관학교) 성적, 면접, 어학능력, 근무평정 등을 고려한다. 선발 시 4년간의 의학학사 교육을 위해 의과대학에 입학한다.

❶ 군의·치의·수의병과가 수행하는 과업과 요구되는 능력은?

군의관(군의, 치의)의 주된 역할로는 첫째, 장병의 신체적·정신적 건강 관리를 통해 전투준비태세 유지에 기여하고, 둘째, 전·평시 전문적 의료 지원으로 장병의 비전투 손실을 최소화하며, 셋째, 전염병 확산 방지를 위한 예방 접종 및 방역 정책을 실행한다. 또한 군 병원장으로 의료 시설 운영, 의료 장비·의약품 보급 관리 등 광범위한 의무 업무를 담당한다. 수행 역량으로는 전공 분야 임상 진료 능력과 응급환자에 대한 응급조치 능력, 전투 환경 대응 능력, 리더 역량 등이 요구된다.

수의 장교는 감염병 예방·방역 체계 구축, 군용 동물(군견, 군마 등)의 진료 및 관리, 해외 파병·재난 지원 등의 임무를 수행하며, 국군의무사령부나 야전부대에서 근무한다. 필요 역량으로는 수의학 전문 지식, 감염병 관리 등 위기 상황 대응 능력 등이다.

간호 장교의 경우 사단급 이하 제대에서는 환자 간호, 건강 검진 및 예방 접종, 응급처치 등을 담당하며, 병원급 부대에서는 이에 추가하여 주특기 분야**(수술, 중환자, 마취, 응급 등)**에 있어 전문 간호를 제공한다. 이 외에도 정책부서에서 의무 정책을 계획하고 실행한다. 요구되는 능력으로 전문 임상 기술 및 환자 관리, 감염병 대응 등 위기 상황 대응능력, 체력과 정신적 강인함 등이 요구된다.

❷ 경력관리 방법은?

군의·치의병과는 통상 대위로 임관한다. 입대 전 인턴 과정을 이수한 인원은 중위로 임관하여 대대급 이상 제대에서 군의관으로 임무 수행한다. 대위~소령 기간에는 사단급 이하 군의관, 정책부서 실무직위, 병원급 진료 직위, 의학연구소 등에 보직한다. 중령으로 진급 시 군 병원 진료부장, 병원장, 정책부서**(의무사, 육본, 국방부 등)**에서 실무를 수행한다. 대령 기간에는 정책부서 과장, 의무사령부 예하 병원장 등의 직위를 이수한다. 상위계급으로 진출 시 기본병과와 동일하게 육군대학, 계급별 지휘참모 과정, 정책실무 과정, 국방대 안보과정 등에서 보수교육을 받는다.

수의병과 장교는 수의사 면허를 취득한 후에 중위로 임관한다. 중위는 사단 수의반장 직위를 이수한다. 대위 진급 시는 군수 지원부대에서 예방 의무 및 보건 직위, 군견훈련소 수의장교 등의 직무를 수행한다. 영관장교 이후에는 의무사령부 및 연구소, 의무학교 등에서 실무직위를 담당한다. 대령 진급 시는 작전사 의무과장 직위를 수행한다. 상위계급으로 진출 시 기본병과와 동일하게 육군대학, 계급별 지휘참모 과정, 정책실무 과정, 국방대 안보과정 등에서 보수교육을 받는다.

간호병과 장교는 간호사 면허를 취득한 후에 소위로 임관한다. 중·소위는 신임장교 지휘참모 과정 이수 후 군병원 임상 직위 참모장교를 수행한 후 병원 실무직위를 이수한다. 대위 진급 시 전방 병원급 부대의 참모 직위를 수행하며 소령 진급 시는 수도병원 선임간호사 또는 지구병원 참모 직위를 이수한다. 중령 기간에는 군병원 간호부장, 정책부서 실무직위 등을 이수한다. 대령 진급 시 수도병원 간호부장, 의무사령부 및 육본 과장 직위를 수행한다. 상위계급으로 진출 시 기본병과와 동일하게 육군대학, 계급별 지휘참모 과정, 정책실무 과정, 국방대 안보과정 등에서 보수교육을 받는다. 전문학위 교육으로 중·소위 기간에는 석사학위 교육을, 대위~소령 기간에는 박사학위 이수 기회를 부여한다.

법무병과

법무병과 장교(**군법무관**)는 군사법원법에 따라 군사법 업무와 군 인사법에 따른 징계업무를 담당한다. 구체적으로 군사법원 운영, 군검찰 업무, 국방정책 및 군사작전 관련 법률 자문, 소송 수행 등을 통해 군사 업무에 법적 정당성을 갖게 하는 업무를 수행한다. 법무장교는 법학전문대학원을 졸업 및 변호사 자격을 취득한 후 대위로 임관한다.

일반형 장교가 법무장교가 되기 위해서는 중·소위 기간 로스쿨(**법학전문대학원**)에 진학하여 3년간의 과정을 이수하고 변호사 시험에 합격해야 한다. 변호사 합격 시 기존 병과에서 법무병과로 전환되어 군 복무를 하게 된다. 장기복무 중위 중에서 매년 1명 내외의 로스쿨 입학 인원을 선발한다. 세부 선발 내용은 매년 육군의 위탁교육 선발 공고를 참고해야 한다.

요구되는 역량으로 군사법 체계에 대한 전문적 이해, 군사 관련 법적 문제를 해결 능력, 군사 상황에서 신속한 참모 조언 능력, 윤리적 책임감과 공정성 등이 요구된다. 또한 군 장병의 권리 보호를 담당하므로 인권 감수성도 뛰어나야 한다.

대위로 임관 시는 사단 법무참모로, 소(중)령은 군단급 제대 법무참모 및 정책부서 실무장교를, 대령은 작전사령부급 이상 제대 법무참모 및 정책부서 과장 직위를 수행한다. 계급별 지휘참모 과정, 정책실무 과정, 국방대 안보과정 등에서 보수교육을 받는다.

군대에서 꿈을 설계하다

장교의 첫걸음!
양성 과정에서 그리는
성공의 밑그림

목표설정 이론과 경력 설계

장교 양성 과정이 단순히 초임장교 임무 수행을 위한 군사적 지식과 기술을 체득하는 기간만은 아니다. 군인으로서의 생애를 선택하는 첫 관문이기도 하다. 이 시기에 세워진 군 복무에 대한 목표는 향후 위관과 영관 시기를 거쳐 사회로 복귀하는 전 과정에 영향을 끼치게 된다. 따라서 **예비 장교들은 자신의 꿈과 목표를 설정하고 진로를 설계할 필요성이 있다. 즉, 장교의 생애 주기라 할 수 있는 위관장교 기간, 영관장교부터 이후 기간, 전역 후 기간별로 목표를 미리 설정해 긴 마라톤과 같은 군 복무 기간에 동력을 제공해야 한다.**

심리학자 에드윈 로크(Edwin Locke)가 제시한 '목표설정 이론'(Goal Setting Theory)은 인간의 성과가 단순히 의욕만으로 결정되는 것이 아니라, 목표의 구체성에 따라 달라진다는 점을 강조하고 있다. "훌륭한 장교가 되겠다"라는 모호한 다짐은 생각과 다른 군 복무 환경이나 매너리즘 앞에서 쉽게 무너지기 마련이다. 반면, "최종 목표로 나는 장군이 될 것이며, 중령 기간에는 작전 특기를 부여받고 대위부터 소령 기간에는 이를 위한 경력관리를 하겠다. 단기적으로는 장교 양성 과정과 초군반 교육과정에서 상위 10%의 성적을 거두겠다"와 같은 단계화되고 구체적인 목표는 행동을 즉각적으로 유발하고 지속시키는 동력이 된다.

이러한 목표 설정은 장교의 생애 주기와 맞물려 단계별로 구조화되어야 한다. **먼저 장기 목표는 임관 후 20~30년 뒤의 모습, 즉 장군으로의 승진이나 전역 후 경제적 기반 구축을 포함한 거시적 관점에서 설정된다.** 이는 제8장에서 다루게 될 전역 후 경제적·사회적 위치와 연계가 된다. 이러한 장기적 안목은 현실의 어려움을 극복하는 토대가 되며, 명예로운 군 복무라는 지향점을 제공한다. **이어서 중기 목표는 임관 후 10년 내외, 즉 영관급 장교로 진입하는 시기를 겨냥한다.** 일반형 장교 또는 전문인력으로 진로가 최종 확정되고 병과 특기까지 결정되는 기간이다. 제7장에서 강조하는 사항들이 이 시기의 실천 과업이다. 마지막 단계인 **단기 목표는 양성 과정과 임관 후 마주할 위관장교 시기의 실천 전략과 직결된다.** 장기복무 결정으로 군인으로서의 진로를 확정하고, 위탁교육 선발 여부에 따라 전문인력으로 진로를 결정할 시기이다. 이에 관해서는 5장과 6장에서 구체적인 실천 전략을 제시하였다.

군 복무를 계속해 나감에 따라 중기 목표를 단기 목표로 전환하는 과정을 지속해야 한다. 예를 들어 중기 실천 목표였던 육군대학에서 우수한 성적 달성하기의 경우, 군 복무 9년 차가 되면 단기 목표로 전환하여 종합성적 상위 10% 안에 들기와 관련 교범을 입교하기 전까지 최소 3번 숙독하기 등으로 구체화해야 한다.

결국, 양성과정과 초급장교 시기에 설계된 꿈은 장교에게 단순한 직업적 성공 이상의 의미를 부여한다. 목표가 확실한 장교는 부대 관리의 사소한 규정 준수부터 부하 장병들과의 관계 설정에 이르기까지 모든 행위에 능동적이고 주도적인 자세를 갖게 된다. 인명사고 예방과 같은 막중한 책임감 또한 피하고 싶은 부담이 아니라, 자신의 꿈을 실현하기 위한 필수적인 지휘 역량으로 인식한다.

5, 6, 7장에서는 장교 양성과정부터 위관장교, 영관장교 시기별 단기 목표로 관리해야 할 요소들을 정리하여, 경력 설계와 관리에 도움을 주고자 했다. 또한 필자와 선배 장교들의 의견을 모아 실천 요소별 3점 척도에 의해서 중

요성을 평가하였다. ★은 '도움이 되는 분야', ★★은 '반드시 필요한 분야',
★★★은 '군 복무의 성패를 좌우하는 분야'로 구분하였다.

장교로서의 진로 및 꿈 설계 (★★★)

　장교의 경력관리는 임관 순간부터 시작되며, 특정 시기마다 중요한 결정
을 내려야 한다. 이 결정의 시기마다 후회 없는 선택을 하기 위해서는 본인
만의 장기 목표를 설정하고, 목표 달성에 필요한 역량과 보직을 체계적으로
준비해야 한다. **군 복무 간 주요 결정 사항으로는 임관 연도 기준으로 임관
전 병과 결정, 2~3년 이내 장기복무 선발, 약 10년 후 일반형 장교 또는 전
문인력 결정, 약 15년 후 일반형 장교 특기 결정, 30년 후 전역 후 진로 결정
등이 있다.** 위 내용들에 대해 구체적으로 알아보자. 병과선택 관련사항은 뒤
에서 별도 설명하겠다.

　첫째, 장기복무를 결정하면 임관 후 3년 이내 선발되도록 노력해야 한다.
물론 5년 차 이후에도 장기복무 지원이 가능하지만 선발 인원이 적어 추천
하지 않는다. 임관 후 2~3년 차 인원의 선발 비율이 80% 내외로 다수를 이
시기에 선발하기 때문이다. 장기복무 지원 시는 개인 역량, 군 복무 및 병
과에 대한 적성, 장기적인 복무 의지를 종합적으로 고려해야 한다. 장기복
무자로 선발이 되면 제2외국어반, 주간 석사학위 위탁교육 지원이 가능하
다. 만약 **전문인력으로 진로를 생각한다면, 장기복무 선발과 동시에 위탁교육**

　　　　　　　　　　　　　　　　　　　　　　　　군대에서 꿈을 설계하다

선발평가 요소 중 영어 성적과 경력관리(근무평정, 교육 성적 등) 분야를 준비해야 한다.

　둘째, 임관 후 10년 차 내외에는 일반형 장교와 전문인력 장교로 진로가 결정된다. 대략 소령으로 진급되는 시점으로 소령 진급과 동시에 또는 박사학위 위탁교육 선발과 동시에 전문인력으로 확정된다. 확정 이후는 해당 장교는 '일반 역량 구축 단계'에서 '전문성 확립 단계'로 전환되며 박사학위 과정을 이수하게 된다. 전문인력 예비 특기자 중 전문인력으로 확정 임명되지 않거나 개인이 희망하지 않으면 일반형 장교로 경력관리 된다. 전문인력 결정 시 개인의 적성뿐 아니라 육군의 소요, 전문인력 내 상위 계급으로 진출 가능성 등을 종합적으로 고려해야 한다.

　일반형 장교로 진로가 결정되면 보병, 포병, 기갑 장교는 중령 진급 이후 특기(인사, 작전, 군수, 동원, 전력, 정책) 분류에 대비해 보직 관리를 해야 한다. 특기 분류 시 대위 계급에 이수한 직위들도 고려될 수 있으므로 이 시기부터 보직 관리를 하면 본인이 희망하는 특기가 부여될 가능성은 높아진다. 최근 석사 위탁교육 전공분야도 특기 결정시 고려되므로 이 점도 유념해야 한다.

　셋째, 임관 후 15년 시점인 중령 진급 시에 보병, 포병, 기갑병과 장교는 개인별 참모 특기(작전, 인사, 군수, 정책, 동원, 전력)를 확정한다. 일반형 장교의 특기가 확정되면 개인의 경력관리 방향은 더욱 명확해진다. 전역 시까지 확정된 참모 특기에 따라 개인의 보직 관리가 이루어지기 때문이다. 장군 진급 시 병과와 특기는 사라진다고 하지만 일반적으로 소장까지는 개인 특기를 고려하여 경력이 관리된다. 또한 참모 특기를 고려한 장군 진급 공석을 판단하고 그에 따라 진급자를 결정한다.

마지막으로, 장교는 누구나 정년에 따라 전역 후 새로운 진로를 선택하게 된다. 대령 이하 장교는 전직지원교육 기간이 1년 이내로 부여되지만 장군은 별도로 없다. 여기서 전직지원교육이란 별도의 보직을 부여하지 않고 전역을 준비하기 위해서 시간을 부여하는 기간을 의미한다. 이 기간 봉급 중 수당의 일부가 삭감되지만, 큰 비중은 아니다.

전역 후 진로를 체계적으로 준비하기에 1년이라는 시간은 한계가 있다. **최소 전역 2~3년 전부터는 본인의 적성 및 관심 분야를 확인하여 전역 후 진로를 준비해야 한다.** 여기에는 관심분야 자격증 취득, 학위 과정 이수, 민간 인적 네트워크 구축 등이 해당한다. 그렇다고 현역 신분으로 기본 임무를 소홀히 하라는 것은 아니다.

장교 후보생이 임관도 하기 전에 군 복무 진로를 설계하기란 결코 쉽지 않다. 그러나 그렇다고 해서 개인의 꿈과 진로에 대한 고민 없이 군 생활을 시작하는 것 또한 바람직하지 않다. **현 시점에서 자신의 희망과 적성을 바탕으로 군 복무 방향을 설정해 보는 노력은 분명히 의미가 있다.**

병과 선택 전략 (★★★)

장교로서의 길을 걷는 데 있어, 첫 번째 중요한 결정은 병과 선택이다. **선택한 병과에 따라 진급할 수 있는 계급의 한계, 진급의 속도, 핵심 직위 보직 여부, 전역 이후 진로까지 연결되기 때문이다.** 따라서 병과 선택 시는 개인

의 적성과 역량 뿐만 아니라 희망 병과의 특성(진급, 근무제대 등)까지도 종합적으로 고려해야 한다.

병과의 종류는 전투병과, 기술병과, 행정병과, 특수병과로 대분류되며, 세부적으로는 24개 병과로 구분된다. 전투병과는 보병, 포병, 기갑, 정보, 방공, 항공, 공병, 통신 8개 병과이다. 기술병과는 군수, 병기, 병참, 화학, 수송 5개 병과이며 행정병과는 정훈, 재정, 군사경찰, 인사 4개 병과이다. 마지막으로 특수병과는 군의, 치의, 간호, 수의, 의정, 법무, 군종 7개 병과이다.

병과 선택에 있어 영향을 미치는 요인은 개인마다 다르다. 하지만 **개인 역량 및 적성, 최고 진출 계급, 전문인력으로 진로 희망, 장기복무 가능성은 반드시 고려되어야 할 요소들이다.**

첫째, 개인의 적성과 역량은 최우선 고려할 요소이다. 병과 선택을 위한 정보를 충분히 갖고 있지 않은 장교 후보생들은 소수 선배의 조언과 단편적인 정보만으로 선택하는 경향이 있다. 그러다 보니 군 복무 기간이 더해질수록 적지 않은 장교들이 본인들이 선택한 병과에 대해서 어려움을 표출한다. 그 이유는 자신의 적성과 역량에 부합되지 않는 병과 생활은 많은 마찰 요소가 기다리기 때문이다. 진급할 수 있는 최종 계급과 장기복무 선발 가능성도 분명히 병과를 선택하는 데 중요한 요소지단 개인의 적성과 역량에는 견주기 어렵다. 예를 들어 강한 리더십과 전투지휘 능력이 있는 장교는 보병, 포병, 기갑 등의 전투병과에서 지휘관 직위를 통해 개인의 역량을 충분히 발휘할 수 있으나 개인의 전문성이 부각되는 정훈, 인사, 재정 등의 행정병과에서 그러기는 어렵다.

둘째, 개인이 꿈꾸는 최종 계급도 병과 결정 시 중요한 고려 요소이다. 소장(사단장 직책 등) 이상의 계급을 목표로 하는 장교는 지휘·작전 능력이 중요시되는 보병, 포병 등의 전투병과를 선택해야 한다. 전투병과는 지휘관 경력을 풍부하게 쌓을 수 있고, 작전·전투지휘 분야에 전문성을 바탕으로 고위 지휘관으로 진출할 수 있는 제반 여건이 갖추어져 있기 때문이다. 반면 준장 또는 대령으로 진급까지를 목표로 하면서 특정 분야에 전문성을 갖고자 한다면 기술병과 및 행정병과가 적합하다.

셋째, 전문인력으로 진로를 고려한다면 병과를 신중히 선택해야 한다. 전문인력 5개 유형별로 지원할 수 있는 병과가 제한되어 있기 때문이다. 육군 항공병과를 제외한 7개 전투병과라면 5개 분야 모두 지원할 수 있다. 하지만 기술·행정병과는 전문인력으로의 진출이 제한되는 분야가 있다.

끝으로, 저자가 제시하는 또 하나의 판단 기준은 장기복무 가능성이다. 전투병과는 상대적 높은 경쟁률이지만 공석도 많아 본인의 사전 준비만 있으면 장기복무 선발은 어렵지 않다. 하지만 일부 기술·행정병과는 전투병과를 크게 상회하는 경쟁률로 장기복무 선발이 만만치 않다. 2025년도 장기복무 선발 시 높은 경쟁률을 보인 병과는 정훈병과와 화생방병과였다.

결론적으로 병과 결정 시 "어느 병과가 복무 여건이 좋은가"도 의미 있는 판단 요소지만, "어떤 병과가 나의 장기적 목표와 역량, 적성에 가장 잘 맞는가"가 더 중요할 것이다. 병과 판단 요소는 부록을 참고하기 바란다.

병과 유형별 장·단점

병과	장점	단점	인재유형
전투병과	· 장군 진급 가능성 높음 · 작전 및 지휘역량 확보 · 육군 내 높은 영향력 · 높은 성취감 및 기여도	· 높은 근무 강도 · 잦은 야외훈련 및 체력적 요소 중요 · 접경지역에 근무지 다수 위치	· 강한 리더십 · 지휘관 선호 · 통합, 총괄능력 · 체력 우수 · 현장 중심 사고

군대에서 꿈을 설계하다

기술병과	• 전투부대 지원에 높은 기여도 • 전투병과에 비해 상대적 낮은 근무 강도 • 지휘관 직위 이수 가능 • 민간 기술직 연계 가능 • 사·여단급 제대 근무로 도심권 인접 생활권	• 장군, 대령 진급 경쟁률 높음 • 소수 병과로 육군 내 상대적 낮은 영향력	• 장비·기술 관심 • 지원·유통 업무 • 분석적 사고 • 문제 해결 능력 • 현장 중심 사고
행정병과	• 사·여단 이상 사령부에 주로 근무 • 지휘관 보좌 직위 다수 • 전투병과에 비해 상대적 낮은 근무 강도 • 사·여단급 제대 근무로 도심권 인접 생활권	• 장군 진급 경쟁률 높음 • 지휘관 직위 이수 제한 (군사경찰 제외) • 소수 병과로 육군 내 상대적 낮은 영향력	• 기획·분석능력 우수 • 지휘 보좌 • 분석적 사고 • 행정·정책 적성
특수병과	• 분야별 높은 전문성 • 민간 전문 직업과의 연결 용이(의정 제외) • 직무 특성상 고난도 교육·자격 취득	• 장군 진출 가능성 낮음 • 전문자격 획득 부담 • 민간 동일 직업 분야와 비교시 상대적 낮은 대우	• 전문지식 기반 • 정확성·윤리성 • 특정 분야에 강한 적성

기초 군사역량 습득 (★★)

장교 후보생 시기는 초급장교로서 갖추어야 할 기본 군사 역량을 함양하는 중요한 기간이다. 이 시기에는 기초 군사기술을 배우는 데 그치는 것이 아니

라, 장차 소대장으로서 부대를 지휘할 수 있는 지휘자로서의 군인관, 전투기술, 기초 체력, 정신력을 갖추는 과정이라고 할 수 있다. 따라서 후보생은 전투기술, 체력, 정신전력의 세 축을 균형 있게 강화하여 예비 장교로서의 자질을 배양해야 한다.

먼저, 개인 훈련 및 소대급 이하 전투기술의 숙달이다. 장교 후보생은 부대 지휘의 기초가 되는 개인 훈련을 확실하게 숙달해야 한다. 사격, 전술적 이동(은폐·엄폐·접근·이동), 전투 부상자 처치, 핵 및 화생방 개인 보호, 기본 제식 등이 이에 해당한다. 이러한 전투기술은 단순히 기술적 숙련을 넘어서, 전투 상황에서의 판단력과 임기응변 능력을 키우는 기반이 된다. 후보생 시기에 해당 기술을 충분히 익혀 두면, 임관 후 소대장으로 부임했을 때 장병들에게 정확한 전투기술을 교육하는데 큰 도움이 된다.

다음은 분·소대급 전투기술의 이해이다. 임관 후 첫 보직은 대부분 소대장으로 시작된다는 점을 고려했을 때, 소대급 이하 전투기술의 이해와 숙련은 매사 큰 자신감을 부여한다. 선행학습이 공부를 잘하는 사람의 특징이듯, 인정받고 자신감 있는 소대장이 되고자 한다면 양성과정부터 이 사항에 관심을 가져야 한다. 물론, 신임장교 지휘참모 과정에서 소대급 이하 전투기술에 대해서 집중 교육을 받지만 미리 관심을 갖고 준비하는 자세는 또 다른 것이다. 소대·분대 전투 절차를 이해하는 과정은 전투에서의 체계적 의사결정 순서(상황판단 → 결심 → 대응)를 익히는 기본 훈련이 되며, 이는 소대장 직위 이후 참모나 중대급 이상 지휘관 임무 수행 시에도 많은 도움이 된다.

둘째, 체력 단련의 중요성이다. 장교에게 체력은 단순한 신체적 능력을 넘어 극한의 전투 상황 시 적시 적절한 지휘 결심을 가능케 하는 필수 역량이다. 따라서 초급장교의 강인한 체력은 리더십 역량의 기초가 되며, 소속 장병들의 신뢰를 받을 수 있는 가장 확실한 요소이다. 또한 **위관장교의 매년**

 군대에서 꿈을 설계하다

실시하는 체력 측정 결과는 장기복무 선발 및 진급 선발 시 평가 요소로 반영된다. 따라서 장교 후보생은 임관 전부터 근력, 유산소, 지구력을 골고루 강화하는 것이 중요하다. 특히, 팔굽혀펴기, 윗몸일으키기, 오래달리기는 육군 체력 측정의 기본 종목으로 그 중요성은 더 언급할 필요가 없다.

셋째, 정신전력 강화와 올바른 군인관 정립이다. 장교 후보생은 군인사법과 군형법이 적용되는 특수신분이다. 따라서 올바른 군인관과 외적 자세는 물론이고 장교로서 임무 수행할 수 있는 정신전력을 길러야 한다. 장교는 조직의 리더로서 부하들이 겪는 어려움을 함께 견디고, 위험한 상황에서도 흔들림 없이 결정을 내려야 한다. 이러한 역할을 수행하기 위해서는 강한 정신전력과 군인관이 뒷받침되어야 한다. 정신전력은 단순한 의지 표현이 아니라 책임감, 사명감, 인내력, 자기관리 능력에서 비롯된다.

신세대 장병에 적합한 리더십 배양 (★★)

지휘관이 성공적으로 임무를 수행하기 위해서는 전통적 리더십만으로는 충분하지 않다. 현재 군에서 복무하는 장병의 대부분은 Z세대로 구성되어 있다. 물론 장교 후보생이나 초급장교도 이 세대에 속한다. 이들은 과거 세대와는 다른 가치관과 의사소통 방식, 동기부여 요소를 갖고 있다. 따라서 **장교 후보생과 초급장교는 교과서적인 과거 리더십 이론에 집착하지 말고 Z세대 적합한 '포용적 리더십'과 '소통의 리더십'을 갖추어야 한다.**

첫째, 입대 장병 세대의 가치관·특성·의견을 인정하고 받아들이는 '포용적 리더십'이다. Z세대 장병은 조직에 대한 충성보다 개인의 성장과 공정성, 과정의 투명성을 더 중시하는 경향이 있다. 디지털 환경에 익숙하고 합리적인 의사결정을 선호하며, 강압적 리더십보다는 이유를 설명하고 공감해 주는 수용적 리더에게 더 강하게 반응한다. '규율과 지시' 중심의 지휘는 군대의 기본 질서를 유지하는 데 필요하지만, 신세대 장병을 효과적으로 지휘하는데 있어서는 부족한 측면이 있다. 따라서 그 이면에 있는 가치와 의미를 공유하는 '포용적 리더십'을 병행해야 한다. 또한 Z세대는 개인의 자율성을 중시하는 동시에, 소속 조직이 자신의 성장을 지원하고 있다고 인식할 때 높은 몰입도를 보인다. 즉, "이 명령이 왜 필요한가?", "이 훈련이 나에게 어떤 의미가 있는가?"를 납득할 때 자발적 참여가 이끌어 진다.

필자는 기갑여단장과 연대장 직위를 수행하면서 두 가지를 유심히 관찰했다. 포용적 리더십과 주도적 리더십을 보이는 중대장 집단을 대상으로 성과평가를 실시하였다. 그 결과, 우수 평가를 받은 인원의 대부분은 포용적 리더십을 발휘한 중대장이었다.. **'Why'와 'How-to'를 설명하는 것은 그 어느 지시 방법보다 효과적이었고 배경과 원리를 명확히 이해하면 그 성과는 훨씬 높았다.** 물론 설명의 과정이 부담으로 느껴질 수 있으나, 그 불편을 감수하는 태도가 솔선수범이고 성과를 높이는 원동력인 것이다. 단순한 보상 중심이 아니라 "왜 이 임무를 수행하는가"에 대한 가치를 전달할 때, 장병들은 더욱 강한 책임감을 갖게 된다.

둘째, 관련 정보와 의사결정의 의도를 공유하고 상호 의사를 교환하는 '소통형 리더십'이다. 신세대 장병들은 이러한 소통 기반의 상호작용을 중요하게 여긴다. 입대 전부터 다양한 소통 채널(SNS 등)을 통해 이러한 소통 문화에 길들여져 있다. 여기서 말하는 소통의 의미는 장병들이 생각과 감정을 자

 군대에서 꿈을 설계하다

유롭게 표현할 수 있는 환경 속에서, 서로를 존중하며 이해해 주는 의사소통 방식을 말한다. **필자가 경험한 Z세대에 가장 효과적인 리더십은 개별 장병의 성향 이해, 명확하고 간결한 지휘, 공감 기반의 상호 작용, 결과에 대한 피드백에 기반한 부대지휘 기법이었다.**

초급장교가 소대장으로 경험하는 첫 리더십의 경험치는 군 생활 전체에 영향을 미칠 만큼 중요하다. **이 시기에 체득한 '관리보다 관찰과 이해', '지시보다 소통과 피드백'의 원칙은 고급 지휘관이 되어서도 변하지 않는 기준임을 명심하기 바란다.**

야전은 실전이다!
위관장교 시기의 실천 전략

위관장교로서의 목표 설정 (★★★)

　위관장교 시절은 군인으로서의 꿈을 실현하기 위한 초석이 마련되는 기간이다. 이 기간에는 장교 양성 과정에서 습득한 군인으로서의 소양을 부하들과 함께 실천하며, 성취감을 느끼기도 하고 때로는 어려움을 겪기도 한다. 이러한 다양한 경험을 통해 군인으로서의 적성을 확인할 수 있을 뿐만 아니라, 향후 보완해야 할 영역 또한 명확히 인식하게 된다. 이러한 과정을 통해 군인으로서 최종 목표를 재점검하고 중간(단기, 중기) 목표의 변경 여부를 고민해야 한다.

　위관장교의 기간은 10년 이상으로 이 책을 읽는 독자들의 경우 임관 1년 차부터 10년 차 이상까지 다양하게 분포할 것이다. 따라서 개인의 상황에 따라 목표 설정 단계가 다를 것이다. **필자는 위관장교의 목표가 바뀔 수 있는 계기를 장기복무 결정, 위탁교육 선발, 소령으로 진급 3가지로 보았다.** 장기복무 선발(전,후)에 따른 중·장기 목표는 변경이 거의 없겠지만 단기 목표는 여러 가지가 새롭게 수립될 것이다. 위탁교육 선발은 전문인력으로의 진로 결정이 동반되므로 장기 목표는 더욱 공고해지고 중·단기 목표가 일부 조정될 수 있다. 소령 진급은 중·장기 목표에는 영향이 적지만 육군대학 입교, 경력관리 측면에서 단기 목표는 조정될 것이다.

　그럼, 위에서 제시한 3가지 계기별 단기 목표 설정과 실천사항에 대해 알아보자.

　우선 공통 실천 사항으로, 법·규정·상식에 기반한 부대 지휘와 소통 역량으로 인명사고 및 중대재해, 인권 침해 등을 원천 차단하는 안정적인 지휘 역량을 증명해야 한다. 이는 곧 근무평정 관리와 직결된다. 위관 근무평정 결과는 모든 선발 과정에 적용되기에 최우선으로 관리해야 한다.

　장기복무 선발 시점에서는 공통 실천 사항 외 지휘참모 과정**(초군반, 고군반)** 에서의 우수한 성적을 받아 선발 경쟁에서 우위를 점해야 한다. 또한 장교와 부사관단의 유기적인 관계 설정을 통해 조직 관리 능력을 인정받아야 한다.

　위탁교육 선발 시점에는 야전 중심의 일반형 장교로 남을 것인지, 혹은 전문성을 갖춘 전문인력으로 거듭날 것인지에 대한 진로 설계와 함께 중단 없는 자기계발이 요구된다.

　마지막으로 소령 진급 시점에는 육군대학 과정 입교 준비와 진급 예정자로 영관장교의 역량을 함양하기 위한 보직 이수가 필요하다.

　위관장교 기간은 장기복무가 결정되며, 석·박사 위탁교육을 통해서 일반형 장교 또는 전문인력으로의 진로가 결정되는 매우 중요한 시점이다. 또한 대위부터는 대부분이 장기복무 장교로 구성된 평가 집단 내에서 진급을 위한 지휘추천과 근무평정을 받는다. 즉, 본격적인 경쟁 구도로 들어가게 되는 시점이다. 이러한 경쟁 환경 속에서 최선의 경력관리를 위한 단기목표 설정과 이를 달성하기 위한 구체적 실천 방안을 살펴보자.

근무평정 관리 (★★★)

　근무평정은 장교가 받는 평가 중에서 가장 중요하다. 현역으로 복무하는 전 기간에 걸쳐 연 2회 평가되고 거의 모든 선발 과정에 반영된다. 특히, **소**

령 진급심사 시 그 시점까지 받은 모든 평정이 계량화되어 심사에 반영된다. 즉, 중대장 평정이 50%, 대위 참모 평정이 20%, 중·소위 평정이 30%로 반영된다. 특히, 중대장 직위에서의 평정 결과는 더욱 중요하다.

평정은 1·2차로 진행되는데 1차 평정은 '절대평가'로, 2차 평정은 '상대평가'로 실시된다. 여기서 2차 평정은 다수집단 평가와 단독(개인) 평가로 나뉜다. 다수집단 평가는 말 그대로 평가 집단이 여러 명으로 구성되어 있고, 이 중 30%만 '상층' 평가를 받는다. 지휘관 직위는 대부분 다수집단 평가를 받는다. 중대장의 평정 사례를 들어보자. 중대장 근무평정은 대대장과 대령급 여단장이 각각 1,2차로 평가한다. 1차 평가는 절대평가로, 성실 근무를 하면 누구나 '상층 평가'를 받는다. 하지만 2차 평가는 상대평가로 여단 소속 모든 중대장이 평가 집단으로 묶여서 30% 내외의 인원들만 '상층 평가'를 받는다. 따라서 다수 집단에서 상층 평가를 받는 것은 절대평가보다 훨씬 어렵다. 반면에 참모 직위는 단독평가와 다수집단 평가가 혼합되어 있다. 대대급 이하 제대에는 단독평가 직위가 많고 사·여단급 이상 제대는 전투병과, 기술병과, 행정병과 별로 평정 집단이 구성되어 대부분 다수집단으로 평가를 받는다.

단독평가는 평가 집단 구성이 어려워 1인 평정을 받는 경우다. 지휘관 직위는 매우 드물지만 참모 직위는 단독평가 직위가 상대적으로 많다. 평가 집단이 본인 1명으로 구성되는 단독평가 직위의 경우에는 평가 결과가 본인의 성실성과 업무 태도에 좌우되는 만큼, 우수 평가를 받기 쉬운 환경처럼 보일 수 있다. 그러나 실제로는 우수 평가를 받지 못하는 사례가 적지 않다. 이는 단독평가 직위일수록 업무 성과와 근무 태도가 더 명확히 드러나고, 비교 대상이 없어 불성실한 태도나 업무 실수도 그대로 평가에 반영되기 때

 군대에서 꿈을 설계하다

문이다. 이러한 특성 때문에 단독직위 평가에서 좋지 못한 결과는 각종 선발 과정에서 불리하게 작용한다. 따라서 단독직위 근무자는 기본적인 성실성 유지뿐 아니라 상급자와의 의사소통을 명확히 하여 자신의 업무성과가 정확히 평가될 수 있도록 노력해야 한다.

대위 장교의 일반적인 보직관리와 근무평정과의 상관관계를 알아보자. 다수의 대위는 1,2차 중대장을 이수한 후에 선택직위인 참모를 수행한다. 1차 중대장을 약 18개월을 수행한 후에는 병력구조가 상이한 타 유형의 부대에서 2차 중대장 직위를 이수한다. 이후 해당 제대 또는 상급부대 참모부서의 실무직위에서 선택직위 2~3개를 이수한다. **대위 기간 중대장 직위를 포함하여 5개 내외의 보직을 이수하면서 근무평정을 10회 내외(1년 2회)로 평가받는다. 가능한 다수의 상층 평가를 받는 것이 진급심사 때 당연히 유리하다.** 하지만 그럴 수 없는 것이 현실이다.

앞서도 잠시 언급했지만 근무평정 결과는 군복무 내내 영향을 미친다. 진급심사 시 뿐만 아니고 대위 기간 위탁교육, 육군대학 1년 과정, 해외파병 선발 등 폭넓게 반영이 되기 때문이다. 특히 중대장 직위 이수 간 다수 집단에서의 '상층' 평가는 매우 중요하다. 소령 진급 시 중대장 기간 평정 결과가 가장 높은 비율로 반영되기 때문이다. 따라서 중대장 보직을 이수하면서 6회의 근무평정을 받게 되는데 보통 4회 이상의 상층 평가를 받으면 향후 개인 경력관리에 유리하다.

특히, 진급 당해 연도에 실시한 근무평정에 있어서 상층 평가는 단순한 계량화 평가의 범주를 넘어 지휘관이 피평가자를 진급시킬 의도가 있는지를 판단하는 기준으로도 사용되는 만큼 반드시 좋은 평가를 받아야 한다.

장기복무 및 복무연장 선발 준비 (★★)

장기복무자 선발은 전·후반기(2월, 8월)에 육군본부 주관 하 진행된다. 따라서 장기복무를 희망하는 인원은 육군 인사사령부 공지 사항을 확인해 선발 일정에 따라 지원서를 제출하고 면접 준비 등의 사전 준비를 해야 한다. **전반기에는 임관 5~10년 차를 대상으로, 후반기에는 임관 2~3년 차를 대상으로 장기복무자를 선발한다.** 후반기 선발은 8월 중순에 선발계획이 공시되고, 신원조사 및 마약 검사, 부대추천 및 면접 평가가 10월까지 진행된다. 이후 육본 선발심의가 진행되고 11월 말경에 선발 결과가 발표된다.

장기복무 지원은 연령제한이 있는데, 심의 일자**(전반기: 2월 말, 후반기:11월 말)** 를 기준으로 소위는 만 27세, 중위는 만 29세, 대위는 만 32세를 넘으면 지원 자체가 불가능하다. 예를 들어 26년 후반기 선발**(심의일 11.28로 가정)**을 기준으로 중위가 1996년 출생자의 경우, 생일 전 29세, 생일 후 30세로 생일이 지난 중위는 지원이 불가하다. 장기복무는 임관 2년 차부터 지원할 수 있다. 단, 군의관을 희망하여 의학 학사학위에 합격한 인원은 장기복무자로 자동 선발한다.

장기복무 선발심의 제대는 병과 별로 상이하다. 보병은 장성급 사·여단, 그 외 7개 전투병과는 군단 및 작전사령부, 기술·행정병과는 육군본부에서 중앙선발한다. **평가 요소는 근무평정, 교육성적(신임장교 지휘관리 과정), 상훈, 체력 검정, 부대추천, 부대평가, 면접평가, 잠재역량, 질적평가 등이다.** 평가 비중이 큰 요소는 근무평정, 부대추천 및 부대평가로 100점 만점에 65점~75점의 비중을 차지한다. 이 평가 요소들은 모두 소속 부대의 지휘관 및 참모에 의해서 평가가 이루어진다. 따라서 부대에서의 성실한 근무 태도와 우수한 평판은 장기복무 선발을 좌우한다고 볼 수 있다. 그렇다고 개인 평가 요소인 교육성적, 상훈, 체력검정, 면접평가, 잠재역량이 중요하지 않다는 것은 아니다. 장기복무를 희망하는 인원의 다수가 성실 근무자로 종합점수 차가 크지 않다. 따라서 **평가 배점이 상대적으로 작은 요소들도 우수 평가를 받아야 선발 확률을 높일 수 있다. 특히 질적평가와 가산점 제도를 잘 활용해야 한다.** 질적평가는 '긍정적인 사항'과 '부정적 사항'으로 구분해서 최대 5점부터 최소 2점까지 부여한다. 긍정적인 사항으로 평정 우수자, 교육 우수상 수상자, 상위 훈격 표창 수상자, 체력검정 우수자, 격오지 근무 경험 등을 고려한다. 반면 부정적 사항으로 평정 저조자, 성적 불량자, 표창 미 수상자, 체력검정 불합격자, 사생활 불량자 등은 최하 점수를 받는다. 또한 가산점제도로 격오지 부대(**해외파병, 경계부대**) 18개월 이상 근무 시 100점 만점에 최대 1점을 추가 점수로 부여받을 수 있다.

다음은 복무연장 선발이다. 지원 자격은 장기복무 지원 시와 동일하며 지원 시기는 임관 2년 차부터 연 단위(**1~4년**)로 지원할 수 있다. 선발 제대는 장기복무 선발과는 달리 육군에서 중앙 선발한다. **평가 요소로는 장기복무 선발과 대동소이하나, 부대추천과 면접평가가 없고 대신 부대평가 배점을 높여 이를 대체한다.** 선발 일정은 장기복무 선발 일정과 동일하며 전반기, 후반기 모두 지원이 가능하다.

일반형 장교
또는 전문인력으로 진로 설계 (★★★)

　중위 계급에서 장기복무자로 선발이 되면 국내·외 민간대학에서 위탁교육을 받을 수 있다. 물론 개인 지원 과정을 통해서 우수 근무자 중 육군에서 선발한다. **위탁교육에 선발 시 예비 전문인력으로 분류가 되고 소령 진급 시 또는 박사학위 위탁교육 선발 시 전문인력으로 확정되며 이후는 별도의 경력관리를 받게 된다.** 위탁교육을 받지 않는 경우와 위탁교육 후 예비 전문인력으로 분류는 되었지만, 소령 진급 시 확정 분류가 되지 못한 경우는 일반형 장교로 경력관리를 받게 된다.

　앞서 제시했듯이 전문인력은 방사청을 중심으로 무기체계 획득을 담당하는 '획득 전문인력', 학문적 지식을 바탕으로 국방정책을 담당하여 국방의 효율성을 담당하는 '정책 전문인력', 국제협상 및 교류 협력을 담당하는 '국제 전문인력', 특수한 자격이나 전문지식으로 한 분야에 특화되는 '특수 전문인력', 그 외 '기술·기능 전문인력'으로 구분된다. 기능 전문인력의 일부를 제외한 대부분의 전문인력은 석·박사 위탁교육 후 별도의 인사관리를 받는다. 이들은 위탁교육과 다양한 민간교류를 통해서 인적 네트워크를 넓히고 군사 영역 외 정치·경제·과학 영역까지 폭넓은 지식을 습득하게 된다.

　위탁교육은 연 1회 6월에 선발계획이 공고되고 8월까지 최종 선발을 한다. 연도별 약간 차이가 있지만 450여 명을 선발해서 국내·외 대학 및 국외 군사교육기관으로 위탁교육을 보낸다. 전문학위는 총 220여 명으로 국외 석박사는 30여 명, 국내 석박사는 190여 명을 선발한다. 국외 군사교육은 총 230여 명을 선발하되, 연합작전 전문과 미국, 호주, 캐나다, NATO 등에

110여 명을 선발한다. 또한 해외지역 전문가로 21개국의 지휘(합동)참모대, 고군반 등에 40여 명을, 전투전문가 및 기술전문가 과정으로 80여 명을 선발한다. 국내·외 동일하게 석사과정 기간은 기본 2년, 박사과정은 기본 3년을 부여한다. 이외 국외 군사교육 기간은 모두 1년 이내로 상대적으로 짧다. 단, 박사학위는 국내 과정은 1년, 국외 과정은 2년 연장이 가능하다.

학위 과정 전공과목은 전문인력으로 활용 분야를 고려하여 육군에서 지정한다. 국외교육의 경우, 문과는 경영학, 국제학, 안보학, 군사사학, 법학 등으로 한정되지만, 이과는 국내·외 대학에서 개설된 대부분의 전공 과정이 편성되어 있어 선택의 폭이 넓다. 국내 학위 과정의 경우, 교육기관 교수 선발 소요를 포함하기에 보다 전공 선택의 폭이 넓다.

위탁교육 선발평가 요소는 근무평정, 경력, 상훈, 교육, 체력, 면접, 어학, 잠재역량 8개이고 이중 근무평정, 면접, 어학 점수가 가장 높은 점수 비중을 차지한다. 이 중에서 어학 능력은 영어권은 지필 70% + 말하기 30%로 평가한다. 지필은 N-TEPS, TOEIC, TOEFL만 적용하고, 말하기는 TEPS-S, TOEIC-S. OPIC만 적용된다. 제2외국어권은 해당 언어권 언어 70% + 영어 지필 30%를 적용한다. 해당 언어는 국가별 공인된 성적을 제출하면 되고 영어 지필은 영어권 적용과 동일하다.

위탁교육 이수자의 복무 기간은 군인사법 제7조에 의거 장기복무자의 의무복무 기간인 10년에 학위 및 교육 기간에 상응하는 기간이 가산된다. 국외 학위교육의 경우 교육 기간의 2배에 상당하는 기간을, 국내 교육의 경우 교육 기간에 상당하는 기간을 가산해서 복무해야 한다. 예를 들면 국외대학에서 2년 석사과정을 이수한 장교는 10년에 4년을 가산하여 14년을, 국내대학에서 2년 석사과정을 이수한 장교는 12년을 복무해야 한다.

여러분이 위탁교육과 1차 소령진급을 모두 희망한다면 어떻게 경력관리를 하는 것이 최선일까? 앞서 말했지만, 경력관리에 정답은 없다. 하지만 저자가 경험적으로 추천하는 최선의 플랜은 있다.

첫째, 중대장 2개 직위를 최대한 조기에 종료 후 위탁교육을 받고 진급심사 시까지 2개 보직을 이수하는 것이다. 통상 1,2차 중대장을 이수하게 되면 통상 대위 5년 차 내외가 되고 1~2년 후에 소령 진급심사 대상자가 된다. 이 경우 2년 석사학위 과정을 수료하면 1개 보직만 이수하면서 진급 대상자가 되고 진급 연도에 근무평정 및 지휘추천에서 좋은 평가를 받기가 쉽지 않다. 따라서 대위 진급 시 대위 지휘참모 과정을 최대한 빠른 시기에 입교하여 수료하면 약 1년의 시간을 확보할 수 있다. 따라서 2개 보직을 이수하면서 진급심사에 들어갈 수 있다.

둘째, 중대장 1개 직위를 이수하고 위탁교육을 받은 방법이다. 위탁교육 시 석사학위를 취득하면 2차 중대장을 이수한 것으로 경력관리를 한다. 따라서 2개 보직 이상을 이수하면서 진급심사에 들어간다.

지휘참모 과정 성적관리 (★★)

위관장교는 신임장교 지휘참모 과정(초군반)과 대위 지휘참모 과정(고군반)을 이수해야 한다. 초군반은 소대장 및 해병과 참모 직위를, 고군반은 중대장 및 사단급 이하 제대에서 실무직위를 담당할 수 있는 능력 배양에 목적이 있다. **초군반 및 고군반 교육 기간은 약 4~5개월로 평가 방식은 공통으로**

                                              군대에서 꿈을 설계하다

상대평가와 절대평가를 혼합한 방식이다. 상대평가는 평가 집단에서 상위 30% 인원만 '탁월'로 평가한다. 그 외는 절대평가로 총점의 80% 이상을 획득하면 '합격', 80% 미만이면 '불합격'으로 평가한다.

위관장교의 교육성적은 장기복무 선발, 진급심사, 국내외 위탁교육 선발 시 반영된다. 따라서 각종 선발 시 경쟁력을 갖추려면 반드시 '탁월' 평가를 받아야 한다. 특히, 고군반 성적의 경우 대위에서 소령 진급심사 시는 100% 비중으로, 소령, 중령, 대령에서 차상위 계급으로 진급심사 시는 육군대학 성적 70%, 고군반 성적 30%로 각각 반영된다. 고군반 성적은 가히 군 복무를 하는 전 기간 따라다닌다고 보면 된다. 그만큼 교육성적은 중요하다.

보수 교육을 받을 시 교육성적만 중요한 것은 아니다. **교육기관은 평생 군 복무를 함께 하게 될 동료들과 선의의 경쟁을 하면서 서로의 장단점을 평가하는 기간이다.** 고군반 성적이 진급과 각종 선발에 직접적 영향을 준다면, 개인 평판은 향후 다면평가와 중요 직위 추천 시 영향을 미친다고 보면 된다.

열정적 복무 자세와 부하와의 소통 (★★)

초급 지휘자가 갖추어야 할 핵심 덕목은 열정적인 복무 자세와 상호 소통 기반의 리더십이다. 리더는 말과 행동의 일치를 통해 솔선수범을 실천해야 하며, 기본 규율을 엄격히 지키는 모습으로 장병들에게 모범을 보여야 한다. 대위급 이하 장교는 경험적 요인이 부족하기에 배우고자 하는 열정적인 복무 자세는 꼭 필요하다. 주변 동료는 물론 상급자와 선배 등으로부터 다양한 조언을 구하고 이를 자기 것으로 만드는 자세는 자신의 발전은 물론, 부하들의 신뢰를 얻는 데에도 매우 유익하다. **경험에서 비롯되는 지혜와 연륜이 부족하면 '열성적인 태도'는 이를 보완하는 최선의 방법이다.** 저자를 포함해 30년 이상의 군 복무를 한 대령급 이상 장교의 경우 수백 명의 부하들을 관찰하고 평가해 왔다. 이구동성으로 하는 말은 "초급간부에 있어 경청과 열정, 노력을 능가할 복무 자세는 없다"라는 것이다.

부하와의 상호 신뢰는 원활한 의사소통과 공정성에서 비롯된다. 의사소통은 업무의 효율성을 극대화할 뿐만 아니라 장병 신상 관리에 있어서도 핵심적 요소이다. 업무 효율성은 구성원의 자발적인 참여와 동기부여가 뒷받침될 때 높아진다. 업무지시 간에도 일방적인 지시가 아닌, 지시의 목적과 필요성을 설명하면 부하들의 자발적 복종을 끌어내기 쉽다. 이러한 과정은 장병들이 지시를 합리적으로 이해하여 능동적인 행동으로 이어지게 만든다. **장병 신상 관리 역시 소통을 통해 개인의 특성과 상황을 정확히 파악하는 것에서 출발한다.** 장병 개개인의 성향, 건강 상태, 가정환경 등을 세심하게 살피는 것은 위험 징후를 조기에 발견하고 적절한 보호와 개입을 가능하게 한다. 이처럼 소통은 조직의 안정성 유지와 장병 개개인의 안전관리를 동시에 확인하는 중요한 수단이다.

아울러 상벌과 평가에 있어 공정성을 유지하는 것은 상호 신뢰를 높여준다. 동일한 기준과 원칙에 따른 일관된 판단은 장병들에게 조직이 개인의 감정이나 관계가 아닌 객관적인 기준에 의해 운영되고 있다는 확신을 심어준다. 또한 불필요한 불만과 갈등을 예방하고, 장병들이 조직과 지휘관을 신뢰하게 만든다.

결국 의사소통과 공정성이 균형을 이룰 때 조직 내 신뢰는 더욱 공고해지고, 이는 전반적인 부대 운영의 효율성과 전투력 향상으로 이어진다.

인명사고 및 중대재해 예방 (★★★)

　지휘관은 소속 인원, 장비, 시설의 안전 상태를 상시 확인하고, 각종 안전 규정을 준수하도록 감독하며 교육할 책임이 있다. 사고 예방은 사전에 위험을 예측하고 이를 예방하는 과정이 핵심이다. 이를 위해서 위험 요소를 발견한 즉시 상호 공유하는 전파체계를 구축하고, 잘못된 관행이나 묵인되는 절차가 존재하지 않도록 조직 문화를 개선해야 한다.

　안전관리는 정기 위험성 평가를 중심으로 이루어진다. 이는 부대 과업, 사용 장비, 임무 환경별로 존재하는 위험 요소를 식별하고, 위험 요소별 세부 대책을 수립한 후 현장 부대에서 실천 여부를 확인하는 절차로 진행된다. 이때 과거에 발생한 사고 사례를 근거로 한 대책 수립은 경각심 고취에 효과적이다. 훈련 및 작업에 앞서 중·소대장은 안전 수칙과 응급조치 등을 명확히 브리핑해 각자의 역할이 혼동되지 않도록 해야 한다. 고위험 작업 시에는 현장에서 직접 통제·확인하는 절차가 필수이며, 체크리스트를 활용해 주관적 판단으로 인한 누락 요소를 제거해야 한다.

　불가피하게 중대 사고나 아차 사고가 발생했을 때는 원인을 철저히 분석해 재발 방지 대책을 마련해야 한다. 즉, 식별된 문제점에 대해서는 지체 없이 개선 대책을 강구하고 이를 절차나 규정에 반영하여 동일 사고가 발생하지 않도록 해야 한다. 이러한 예방 중심의 사고관리 체계가 조직 내 자리 잡을 때 그 조직은 위험을 최소화하며 안정적인 임무 수행이 가능해진다.

장교-부사관 관계 설정 (★)

　장교와 부사관의 관계는 소부대 지휘 체계의 근간을 이루는 요소로, 부대 **전투력과 조직 안정성 유지에 직접적인 영향을 미친다.** 초급장교는 현장에서 장병들을 직접 지도·통제하며 임무 수행 결과를 책임지는 위치에 있고, 부사관은 장교의 지시에 의거 구체화된 임무 또는 고유 임무를 수행하는 역할을 한다. **따라서 상호 간에 존중과 신뢰를 기반으로 한 협력은 무엇보다 중요하다.** 특히 주임원사와 행정보급관은 장병 관리, 교육훈련, 내무생활 지도에서 가장 실질적 영향력을 행사하는 만큼, 대위급 이하 장교는 그들과 긴밀히 소통하여야 한다. 이러한 관계 설정을 통해 지휘관은 효율적인 병력 관리가 가능해지며, 현장 중심의 지휘를 할 수가 있다.

　소부대 지휘체계 내에서 명확한 역할 분담은 필수적이다. **중·소대장은 목표 설정 및 전반적인 계획을 수립하여 과업 현장을 통제해야 하고, 상사 이하 부사관은 지시된 계획이 현장에서 실행력을 갖도록 확인 감독해야 한다.** 이 과정에서 장교는 부사관이 가진 경험과 전문성을 존중하여야 한다. 만약에 의견이 다르거나 판단 차이가 발생하더라도 이를 건설적으로 조율해야 한다. 이러한 역할 분담과 협력이 원활히 이루어질 때 소부대는 효율적으로 운용되며, 장병 안전관리와 임무 수행 모두에서 높은 성과를 달성할 수 있다.

자기계발 

　　자기계발은 개인의 잠재역량을 향상하는 데 기여할 뿐만 아니라, 조직 차원에서도 필요 인재 양성을 위한 필수 요소이다. 이에 따라 **진급심사, 장기복무 선발 등의 각종 선발 과정에서 개인의 자기계발 노력이 반영되고 있다.** 진급심사 대상자가 제출하는 잠재역량 평가 참고자료 작성 시 자기개발 분야에 학위취득은 물론, 업무에 도움이 되는 자격 취득 등 다양한 요소를 기술하고 있다. 또한 장기복무 선발심사 시는 자격화제도 인사관리(**전투 임무수행 13종, 직무수행 475종, 외국어 자격 등**)를 반영하고 있다. 즉, 자격 보유 개수에 따라 점수를 부여하는 방식으로 개인의 자기 계발 정도를 평가하고 있다.

　　필자는 자기계발을 위해 어학(영어)과 컴퓨터 활용 능력 향상을 우선적으로 권장한다. 어학은 위탁교육은 물론, 향후 진로와 관련된 각종 선발시 대부분 포함되는 평가 요소다. 또한 영어 능력이 우수하면 연합사, 작전사령부 이상 제대의 연합합동 직위에 보직이 가능하다. 요즘 젊은 장교 중에 컴퓨터 사용을 못 하는 인원은 매우 드물다. 다만, 자격화하느냐 못하느냐의 차이인 듯하다. 컴퓨터 활용능력, 워드프로세서 자격 등을 취득하여 인사계통으로 보고하면 향후 정책부서 직위에 적임자를 선발할 때 자격 조건 중 하나로 활용된다.

법·규정·상식에 의한 소부대 지휘 (★★★)

소대장과 중대장은 상대적으로 지휘 경험이 부족하다. 따라서 개인의 경험이나 감정, 기존 관행에 의존하기보다 법·규정·상식을 판단의 기준으로 삼는 지휘는 그 무엇보다 중요하다. 모든 의사결정과 인원 관리는 객관적이고 명확한 기준에 근거해 이루어져야 하며, 이를 통해 지휘의 일관성과 공정성을 유지할 수 있다.

특히 최근 상급부대 지휘관 역시 원칙에 입각한 부대 지휘의 중요성을 거듭 강조하고 있는 만큼, 초급 지휘관일수록 법과 규정을 출발점이자 최종 기준으로 삼아 예측 가능하고 원칙이 확립된 부대운영을 해야한다. 위 내용과 관련된 세부 내용은 영관장교 실천전략을 참고하기 바란다.

　　　　　　　　　　　　　　　　　　군대에서 꿈을 설계하다

커리어로 승부하라!
영관장교 시기의 실천 전략

영관장교로서의 목표 설정 (★★★)

　영관장교 기간은 장기복무 군인에게 꽃을 피우는 시기라 할 수 있다. 중령 진급 시 대대장 직위를 수행하며 상당한 규모의 병력과 독립 주둔지를 가진 부대를 지휘하게 되고, 인사·징계권이 포함된 권한과 책임을 부여받게 된다. 대령 진급 시는 여단장 직위를 수행하면서 독립전투를 수행할 수 있는 전투단을 지휘하게 된다. 그 이후는 작전사령부 및 정책부서에서 과장 직위를 수행하면서 육군의 정책 수립에 많은 부분 기여하게 된다.

　영관장교 시기는 초급장교부터 염원하던 장군 진급이라는 원대한 포부와 군사전문가로서의 꿈을 구현해 내는 군 경력의 황금기이다. 이렇게 **장기목표가 현실이 되는 시기에 두 가지 중요한 핵심 목표가 있다. 바로 육군대학 입교와 병과 세부 특기 결정이다.** 먼저 육군대학 입교는 앞서 설명했듯이 교육성적은 물론, 개인의 능력과 성품을 평가받는 시기이다. 따라서 주도면밀한 준비와 동료를 배려하는 자세를 상시 견지해야 한다. 다음은 병과 세부특기 결정이다. 중령이 되면 전투병과 중 보병, 포병, 기갑 장교는 참모 특기인 인사, 작전, 군수, 동원, 정책, 전력 특기를 받게 되며 장군 진급 시까지 해당 특기 분야에서 경력관리를 받는다.

　중령, 대령, 그리고 장군으로의 진급은 피라미드형 인사 구조 속에서 경쟁이 더 본격화되는 단계이다. 이 시기에 상대적으로 우월한 경쟁력을 확보하지 못한다면 진급의 문턱은 갈수록 높아질 수밖에 없다. **필자는 군인으로서의 꿈이 눈 앞에 있는 영관장교들이 설정해야할 목표와 실천사항에 대해서 알아보고자 한다.**

필수·선택직위 이수 및 근무평정 관리

(★★★)

영관장교도 위관장교와 마찬가지로 계급별 필수직위와 선택직위를 이수해야 한다. 소령은 필수직위로 대대급 총괄 참모 또는 교관 직위를, 선택직위로는 여단급 이상 제대의 실무장교를 이수한다. 중령은 필수직위로 대대장 직위와 사단 참모 직위를, 선택직위로 정책부서 및 군단급 이상 제대 실무직위와 선발직 대대장을 수행한다. 대령은 필수직위로 여단장과 군단급 처장 또는 사단 참모장 직위를 수행하고, 선택직위로는 작전사급 이상 제대의 과장 직위를 이수한다.

영관급 장교는 일부 예외적인 경우를 저외하고 대부분 필수직위를 이수한 후에 선택직위를 수행한다. **중·소령의 경우 필수직위를 이수한 해당 제대에서 선택직위를 하는 것이 경력관리에 유리하다.** 특히, 중령의 경우 대대장 2년 차에 직능특기(인사, 작전, 군수, 동원, 전력, 정책)가 결정되므로 대대장 보직 만료 후 해당 사단에서 개인 특기에 맞는 참모 직위에 보직되는 것이 경력관리에 유리하다. 해당 사단에서 직위를 찾지 못하면 타 사단이나 군단 참모부서의 과장 직위를 이수해야 하기 때문이다.

작전 특기를 부여받은 보병 중령의 예를 하나 들어보자, 대대장을 이수한 후에는 사단 참모 중 핵심 직위인 작전참모 직위로 선발되어 필수직위를 이수하면 평정 관리는 물론 군(軍) 내 개인의 인지도 향상에도 도움이 된다. 이후 정책부서 또는 작전사령부급 이상 제대의 실무직위로 보직되어 2~3개 직위를 이수하면서 대령 진급심사를 들어가면 최고의 경쟁력을 갖게 된다.

대령의 경우는 여단장 보직을 이수한 후 사단 참모장 또는 군단 참모직위를 수행한다. 어느 쪽이 경력관리에 유리하다기보다 해당 직위를 얼마나 인정받으며 수행하느냐가 더 중요하다. **대령은 임무수행 능력과 주변 평판이 그 무엇보다 중요하다.** 필수직위를 이수한 후 작전사령부 또는 정책부서에 과장 직위로 보직되면서 장군 진급심사에 들어가게 된다.

앞서도 언급했지만, 영관장교 기간 근무평정을 우수하게 평가받는 것은 중요하다. 진급심사 시 지난 계급의 평정 결과가 누적 반영되기 때문이다. 중령에서 대령으로 진급심사 시 중령 기간의 평정이 70%, 소령 기간의 평정이 20%, 대위 기간 평정이 10% 비율로 반영이 된다. 마찬가지로 대령에서 장군으로 진급심사 시 대령 평정이 70%, 중령 평정이 20%, 소령 평정이 10% 비율로 반영된다. **요컨대, 특정 시점이나 계급에 국한된 관리가 아닌, 군 복무 전 기간에 걸친 꾸준한 평정 관리만이 최선의 결과를 가져온다.**

병과 세부 특기 결정 (★★)

전투병과 중 보병, 포병, 기갑 장교의 경우 참모 특기를 중령 진급 시에 결정하고 인사사령부에서 이에 따른 인사관리를 한다. **참모 특기는 인사, 작전, 군수, 동원, 정책, 전력 6개 분야이다.** 참모 특기별 지정된 비율 범위 내에서 부여되며, 이 중 작전 특기를 가장 다수로, 정책·동원 특기를 가장 소수로 지정한다.

 군대에서 꿈을 설계하다

인사 특기 장교는 사단급 제대 이상의 인사참모부서에서 참모 및 실무직위를 수행한다. 인력획득, 인사관리, 안전관리, 복지시설 운영 및 관리 등의 임무를 수행하며 육본 및 국방부 인사 부서, 인사사령부 근무를 주로 선호한다.

작전 특기 장교는 사단급 이상 제대의 작전참모부서에서 근무하며, 총괄 업무, 현행작전 업무, 작전계획 수립, 대외협력 업무 등을 수행한다. 업무의 강도는 타 직능보다 높지만 가장 많은 인원이 상위계급으로 진출한다. 주로 선호하는 근무 제대는 작전사령부, 연합사령부, 합동참모본부 등이다.

군수 특기 장교는 군수지원여단 및 사단급 이상 제대의 군수참모부서에서 근무하며, 군수품 보급, 장비 정비, 유류 및 수송 관리, 시설물 관리 등의 임무를 수행한다. 선호 근무부대는 육군본부 군수부서, 군수사령부 등이다.

동원 특기 장교는 앞서 설명한 특기와는 다르게 직위가 제한적이다. 사단 참모는 지역방위사단(**후방사단**) 위주로 편성이 되어있고 정책부서도 국방부 동원부서와 육군본부 동원전력실로 직위가 한정되어 선택의 폭이 상대적으로 좁다.

정책 특기 장교는 대대장 보직 이수 후에 사단급 참모 및 군단 과장(**작계과장 등**) 직위를 수행한다. 이후 국방부, 합참, 육본 등 다양한 정책 제대에 근무할 수 있다. 소수 인원을 선발하기에 경쟁비는 있다.

전력 특기 장교는 국방 연구개발, 방위력 개선 사업의 일환으로 전력 소요 제기 및 무기체계 획득 사업, 민간기업과 기술협력 등의 업무를 수행한다. 대대장 이수 후에 대부분 육본 기획관리참모부, 합참 및 국방부 전력업무 부서 등의 전력 특기 직위에서 근무한다. 최근 K-방산의 세계화와 연계하여 인기가 높아지는 특기이기도 하다.

참모 특기가 부여되는 전투병과의 경우 4성 장군까지 진출을 하는데 제한은 없다. 다만, 특기에 있어서는 암묵적인 한계는 존재한다. 작전 특기 장교의 경우만 4성 장군으로 대다수 진출한다. 창군 이래 소수를 제외하고는 대다수가 작전 특기였다. 상대적으로 동원 특기의 경우 소장 진급까지, 인사·군수·정책·전력 특기의 경우는 중장 진급이 실질적인 진급의 한계이다. 다만, 작전 특기는 군단급 이하 부대일 경우 대다수가 총괄 부서에 근무를 하기에 근무 강도가 높다. 또한 현행작전을 수행하는 부서에 근무 시는 행동의 자유에 제약을 받는다. 이렇듯이 장점만을 가진 참모 특기는 없다.

법·규정·상식 기반의 지휘체계 확립 (★★★)

필자가 준장까지 진급을 할 수 있었던 가장 큰 요인은 법과 규정, 상식에 의한 부대 운영이었다. 30여년 이상의 군 복무를 하다 보면 누구나 1~2번은 지휘 책임을 져야 하는 상황에 처한다. 이때마다 상급 부대에서 부대 운영에 잘못된 점이 있는지 전 분야에 대해 합동 조사를 실시한다.

저자도 연대장 시절에 최대 위기 시절이 있었다. 필자의 비위행위가 아닌 부하의 잘못된 행동에 대한 사실확인 차원이었다. 연대장 부임한 지 1달이 조금 지나서 사령부로부터 부대 운영 전반에 걸쳐 5부 합동 조사를 받았다. 1주일간의 혹독한 기간이었지만 결론적으로 부하 개인의 비위행위일 뿐, 연대장은 정상적인 부대 운영을 했다고 결론지었다. **이러한 위기를 극복할 수 있었던 것은 작은 습관 하나에 있었다. 필자는 부임 초기부터 모든 보고 시 관련 법과 규정을 먼저 언급하고 이후 참모 보고를 받았다.** 이로 인해 참모는 법과 규정을 이해해야 했으며, 모든 부대 운영은 자연스럽게 그 기준에 따라 이루어졌다. 그 결과 상급 부대의 전방위적 조사에서도 연대장의 부대 운영에 문제가 없는 것으로 결론 지어졌다.

법·규정·상식에 기반한 부대 지휘란 지휘관 개인의 경험이나 사적 감정, 부대 관행에 의존하는 방식이 아니라, 법과 규정이라는 명확한 기준으로 부대를 지휘하되, 그 외의 사항에 대해서는 보편 타당한 상식적 판단을 통해서 부대 지휘를 하는 방식을 의미한다. 이는 하급자로 하여금 임무형 지휘를 가능하게 한다. 또한, 개개인에 있어 공정성을 높이고, 부대 차원에서는 올바른 병영문화를 형성하는 데 긍정적 요인으로 작용한다. 여기서 임무형 지휘란 육군이 추구하는 궁극의 목표로, 상급자가 '무엇을', '왜'만 제시하고 '어떻게'는 하급자가 자율적으로 결정하는 지휘방식이다.

먼저 법과 규정은 대대급 이상 부대 지휘의 절대적인 기준이다. **지휘관의 모든 지시와 결정은 법령과 육군 규정의 범위 안에서 이루어져야 한다.** 이는 지휘관 자신을 보호함과 동시에 장병의 권리와 의무를 보장하는 역할을 한다. 여기에 상식은 법과 규정을 적용하기 어려운 경우에 매우 유용하게 활용된다. 모든 상황을 법과 규정만으로 완벽히 설명할 수는 없기 때문에, 여론의 판단과 사회적 기준을 고려한 합리적 판단이 필요하다. 상식에 기반한 지휘는 장병들이 '이해할 수 있는 결정'으로 받아들이게 만들며, 부대 운영의 안정성을 높인다. 저자는 여기서 상식의 정의를 내리고자 한다. 상식은 독자 여러분의 개인적 기준을 의미하는 것은 아니다. **상식이란 해당 분야에 경험이나 전문지식을 가진 3명 이상의 주변인에게 물었을 때 공통으로 도출되는 답변을 의미한다.** 이렇게 얻은 결론을 가지고 부대 운영에 적용한다면 성공은 담보할 수 없어도 실패는 있을 수 없다.

결론적으로, 법·규정·상식에 기반한 부대 지휘는 공정하고 예측 가능한 리더십을 통해 부하의 신뢰를 확보하고, 부대의 전투력 제고와 지속 가능성을 동시에 높이는 최선의 지휘 철학이라 할 수 있다.

육군대학에서 우수 성적 받기 (★★)

장교라면 누구나 소령으로 진급과 동시 육군대학이라 칭하는 소령 지휘참모 과정을 이수해야 한다. 육군대학은 사단급 이상 제대의 전술·전략과 육·해·공군 합동작전 수행 능력 배양에 중점을 두고 교육한다. 육군대학은 6개월 과정과 11개월 과정으로 구분되며 11개월 과정 입교자는 소령 진급과 동시에 선발하며 소령 진급자 중에서도 우수자로 선발된다. 육군대학 평가는 상대평가와 절대평가가 혼재되어, 종합성적으로 서열 30% 이내는 상대평가로 "탁월", 그 외는 절대평가로 총점 중 80% 이상이면 "합격", 80% 미만이면 "불합격"으로 평가한다.

육대 성적은 소령에서 중령, 중령에서 대령, 대령에서 준장 진급 시 평가 요소로 지속 반영된다. 정량적 평가 중 총 배점의 15% 내외로 반영되기에 근무평정 다음으로 비중이 높다. 당연히 "탁월" 평가를 받아야 배점 내에서 최고의 점수를 받을 수 있다.

앞서 언급했지만 신임장교 및 대위 지휘참모 과정 이상으로 육대 교육과정에서 개인의 이미지 관리는 너무도 중요하다. **모든 교육생이 장기복무자로, 평생 군 복무를 함께 할 동료의 장단점을 상호 평가하는 유일한 기간이기 때문이다.** 따라서 육군대학 과정을 고급 장교로서의 역량 함양 기간으로 활용해야 함은 물론, 나의 장점과 긍정적 이미지를 동료들에게 각인시키는 매우 소중한 기회라 생각하고 임해야 한다.

인명사고 및 중대재해 예방 (★★★)

대대장과 여단장은 1,000명 내외의 대규모 병력을 책임지는 직·간접 지휘가 혼재하는 직책이다. 그만큼 보람 있는 직책이지만 각종 인명사고 요인이 산재하여 위험 관리가 필요한 직책이기도 하다. 최근에는 생명 존중에 대한 사회적 관심이 높아지면서 부대에서 발생하는 사건·사고에 대해서 국민적 관심이 높다.

지휘관 재직 시 인적 손실 예방이 중요한 이유는 사고를 최소화하는 차원을 넘어, 비전투 손실로 인한 부대 임무수행에 차질이 생기는 경우를 방지하기 위해서다. 이 외에도 부가적인 전투력 유지 노력, 법적 책임에 따른 후속 조치, 부대 신뢰도 저하 등의 어려움이 뒤따른다. 따라서, 이는 선택의 문제가 아니라 지휘관에게 부여된 최우선 책무라 할 수 있다. 좀 더 구체적으로 살펴보면 다음과 같다.

첫째, 인명사고 예방은 지휘관이 반드시 실천해야 할 최고의 가치이며 궁

극적인 책임이다. '장병의 안전'은 전투준비태세 유지, 모든 훈련과 작전, 부대 운영의 전제조건이다. 어떠한 성과나 실적도 장병의 생명보다 우선될 수 없으며, 사고가 발생한 이후의 수습 과정은 예방을 대체할 수 없다. 또한 인명사고와 중대재해는 부대의 비전투 손실을 유발, 그 공백으로 인해 결국 해 부대의 임무 수행 능력을 낮춘다. 물론 타 인원에 의한 대리근무 체계를 유지하지만, 결국 누군가는 본인의 고유 임무에 집중하지 못하게 된다.

둘째, 인명사고 및 중대재해 발생 시 지휘관을 포함한 누군가는 법적, 도의적 책임을 지게 된다. 따라서 인명사고 예방은 지휘관의 실질적 자기 보호 수단이기도 하다. 군대 내부적으로는 지휘 책임의 범주가 너무 넓다는 공감대가 있어 2023년에 부대관리 훈령 12조의 2를 신설하여 특별한 사정에 따른 지휘 책임을 면책 및 감경할 수 있도록 하였다. 그러나 최근의 사회적 분위기는 오히려 지휘관의 책임을 더욱 부각하며 중대재해 발생 시 그 책임을 더욱 엄격히 하려는 분위기이다. 사고 발생 시 "당시 상황을 잘 몰랐다"거나 "통상적인 절차였다", "내 책임 영역은 아니다"라는 변명은 인정되지 않으며, 일상 내에서 사고 예방 체계 구축과 지휘관의 사고 예방 노력 유무가 처벌 판단의 기준이 된다.

셋째, 젊은 장병들이 육체적·정신적으로 건강하게 전역하는 것은 국민이 육군을 신뢰하는 데 가장 중요한 토대가 된다. 군 복무 중인 자식을 걱정하는 부모라면 누구나 바라는 절대적인 기대치이기 때문이다. 또한 장병 본인도 국민의 한 사람이기에 전·평시 부대 활동 간 안전한 임무 수행을 담보하는 지휘관을 통해 국가와 군에 대한 신뢰를 갖는다.

결론적으로, **대대장 및 여단장에게 인명사고와 중대재해 예방은 부차적 과제가 아니라 지휘의 중심축이다.** 다시 말하면, 이는 장병의 생명을 지키는 도덕적 책임이자, 전투력을 유지하는 전략적 선택이며, 조직의 신뢰를 지키는 핵심 과제이다.

　　　　　　　　　　　　　　　군대에서 꿈을 설계하다

부사관단과의 관계 (★)

　대대장과 여단장 임무를 수행하면서 주임원사 및 부사관단과의 관계는 부대 지휘의 승패를 결정짓는 요소 중 하나이다. 일반적인 전우 관계를 넘어, 부대 운영을 공동으로 책임지는 전략적 동반자 관계로 발전하기 때문이다. 물론 최종 책임은 지휘관에 있지만 주임원사도 권한 범위 내 책임과 해부대 부사관의 최고 관리자라는 측면에서 도의적 책임을 감당한다. 또한 부사관단의 기둥이라 할 수 있는 중대 행정보급관(상사)도 중대급 이하 제대의 초급 부사관과 병사 관리를 담당하는 핵심 직위로 그 역할과 책임을 다한다.

　위관장교 시절에는 주임원사나 행정보급관은 주로 지도·조언자의 위치에 있다. 특히 중·소위는 부사관단으로부터 장병 관리, 부대 문화, 부대 민원 해소 등에 대해 배우는 입장에 가깝다. 이 시기의 관계는 상명하복 체계이긴 하지만 경험 많은 선배 간부가 초급간부의 부족함을 보완해 주는 구조이며, 실무 중심의 조언과 현장 감각 전수가 주된 역할이다. 반면, **대대장·여단장이 되면 주임원사를 중심으로 한 부사관단은 더 이상 단순한 조력자가 아니라 지휘관의 분신이자 현장 통제의 핵심 축이 된다.** 지휘관이 결심과 방향을 제시한다면, 주임원사는 이를 부사관단을 통해 현장에서 구현하는 역할을 맡는다. 이 시기에는 지휘관과 주임원사 간의 신뢰와 호흡이 곧 부대 분위기와 기강을 좌우한다. 특히 부대 내 병영 문화, 복무 기강, 사고 예방, 민원 처리 등에서는 주임원사의 영향력이 크므로, 지휘관은 이를 존중하고 전략적으로 활용해야 한다.

　주임원사를 중심으로 관계를 재정의하면, 수평성 증가와 책임의 공동화이

다. 위관장교 시절에는 '배운다'는 개념이 강했다면, 대대장·여단장 시기에는 '함께 판단하고 함께 책임진다'는 개념으로 전환된다. 주임원사에게 형식적인 보고만을 요구하거나 단순한 전달자로 대우할 경우, 현장 관리자와 지휘관 간 괴리가 발생하고 이는 곧 지휘력 약화로 이어진다. 반대로 주임원사를 존중하며 주요 사안에 대해 공유하고 의견을 경청할 경우, 지휘관의 결심은 현장에서 신속하고 안정적으로 구현된다.

미군의 경우를 예로 들어보자. 위관장교 시절 선임 부사관(First Sergeant)은 중요한 조언자이지만, 이 단계에서 장교는 배우는 입장에 가깝다. 소대장은 소대 하사관에게 전술적·행정적 지원을 받고, 중대장은 선임부사관에게 전투준비태세, 병력관리와 부대 운영에 대한 조언을 받는다. 그러나 최종 결정권은 당연히 장교에게 있다. 반면 대대장 이상이 되면 대대 주임원사(Command Sergent Major)와의 관계는 완전히 달라진다. 미군 지휘관은 주요 결심 이전에 CSM의 의견을 반드시 청취하며, 특히 전투준비태세 및 훈련 수준, 병사 복지 및 인사관리, 징계·사고 예방과 같은 사안에서는 CSM의 판단을 상당 부분 고려한다. 또한 지휘관과 CSM은 행사, 순시, 간담회, 사고 대응 시 함께 움직이며, 지휘관이 CSM을 배제하거나 형식적으로만 활용할 경우, 이는 곧 미숙한 지휘관으로 평가받는 요인이 된다.

지휘관에게 주임원사는 지휘관의 의도와 신뢰를 공유할 대상이다. 위관장교 시 관계가 영관장교로 성장하기 위한 경험 축적의 과정이었다면, 영관장교 시기의 관계는 부대 성패와 장병의 안전을 담보하는 동반자 관계라는 점에서 차이를 가진다.

군대에서 꿈을 설계하다

브리핑 및 핵심 파악 능력 향상 (★)

영관급 지휘관 및 참모에게 임기 상황에 대한 브리핑과 핵심을 파악하는 능력은 반드시 요구된다. 그 이유는, 이 능력이 단순한 보고 기술을 넘어 긴박한 상황에서 핵심 요지를 상호 공유하는 데 필요한 역량이기 때문이다. **여기서 핵심을 파악하는 능력은 과업 수행의 목적과 취지를 확인하는 것에서 시작한다.** 목적과 취지를 알아야 그에 적합한 해결 수단을 찾을 수 있다. 같은 과업이라도 목적에 따라 선택되는 수단도 달라진다.

브리핑 능력은 지휘 의도를 명확히 전달하고 확인하는 수단이다. 예를 들어보자. 여단장의 결심은 참모와 예하 대대장을 통해 실행되는데, 지휘 의도가 명확히 전달되지 않으면 동일한 지시라도 대대별로 다르게 해석된다. 반면 여단장의 지휘 의도를 확인하는 참모와 대대장의 브리핑은 '무엇을, 왜, 언제까지' 해야 하는지를 분명히 하여 실행력과 일관성을 높인다.

또한 **상급자 보고 및 외부 기관 협조 시 브리핑 수준은 개인을 포함한 조직의 역량과 책임감을 보여주며, 협력 기관의 신뢰를 확보하고 긍정적 관계 형성에 결정적인 역할을 한다.** 상급자는 보고의 분량이 아니라 핵심을 얼마나 정확히 짚어냈는지를 통해 하급자의 역량을 평가한다. 핵심을 놓친 장황한 보고는 판단 능력에 대한 의구심을 낳는 반면, 간결하면서도 본질을 짚은 보고는 신뢰감을 형성한다.

결론적으로, 영관장교에 있어서 브리핑과 핵심 파악 능력은 단순한 보고 기술이 아니라 지휘 및 참모 활동의 실행력과 신뢰도를 결정하는 주요 역량이다.

제8장

군에서 사회로!
꿈을 잇는 미래 준비 전략

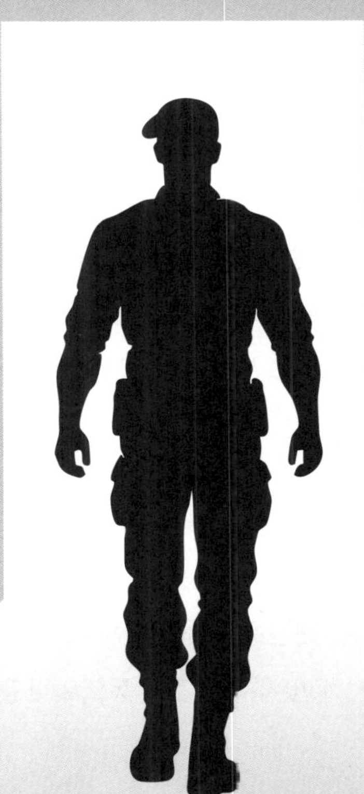

군인 복지제도를 활용한 전역 후 준비

군인에게 있어 전역의 의미는 국가 안보를 위한 헌신의 과정이 끝나는 마침점인 동시에, 인생의 제2막을 시작하는 전환점이다. 전역하는 장교에게는 군 복무에 대한 미련과 새로운 삶에 대한 기대감이 교차하는 시기이다.

육군과 군인공제회를 포함한 여러 군 유관기관은 장교들이 전역 시에 안정적인 경제·사회적 기반을 마련해 주고자 다양한 복지 및 지원제도를 마련하고 있다. 내집 마련, 노후 자산 형성, 교육·자격 취득, 여가 활동 및 가족 지원 등이 여기에 속한다. 이러한 군인 복지제도는 전역 후 삶의 기반을 마련하는 데 중요한 역할을 한다. 그러나 많은 장교가 생각보다 이를 잘 활용하지 못한다. 그러고는, 전역 시점에서야 많은 준비를 한 전역 동료와 비교하면서 후회하는 경우가 허다하다.

따라서 전역 후 성공적인 사회 정착을 위해서는 군인들이 활용할 수 있는 복지제도를 단순한 혜택이 아닌, 전역 후 삶과 노후 준비를 위한 전략적 자원으로 인식하고 적극적으로 활용해야 한다. 본 절에서는 군인 복지제도를 중심으로 전역 후 삶을 체계적으로 준비하는 방안을 살펴보고, 이를 통해 개인의 꿈과 목표를 실현할 수 있는 방향을 모색하고자 한다.

❶ 노후 자금 마련하기

노후 자금은 얼마나 필요할까? 모든 성인이 고민하고 준비하는 분야이다. 특히, 군인은 전역 후 재취업이 상대적으로 어려워 초급장교 기간부터 준비가 필요하다. 노후 자금을 확보하는 방법으로는 군인연금, 개인연금, 퇴직수당, 군인공제회 저축금, 개인 저축액, 주식 등으로 다양하다. 그러나 전역 장

군대에서 꿈을 설계하다

교의 대부분은 군인연금과 군인공제회, 퇴직수당에 의존하고 있다. 필자는 이 분야의 전문가는 아니지만, 전역한 선배들의 성취 사례를 살펴보고 주변 전문가들의 조언을 바탕으로 독자들에게 노하우를 전하고자 한다. 그러면 먼저 노후 자금의 가장 큰 비중인 군인연금, 군인공제회 저축액, 퇴직수당에 대해 각각 알아보고 이후 노후 자금 마련 전략을 제시하도록 하겠다.

군인연금은 20년 이상 군 복무 후 전역하는 군인을 대상으로 지급한다. 소령 이상 계급으로 정년 전역을 하면 누구나 연금을 받을 수 있다. 연금은 최소 약 200만 원에서 최대 약 450만 원까지 연금을 받게 된다. 우리나라에는 공무원 연금, 사학연금, 국민연금 등 다양한 연금이 있다. 이 중에서 군인연금이 가장 기여금(월 지출액)이 낮고 연금 수령액은 높다.

연금의 유불리는 기여금 부담률, 기준소득월액 산정 방식, 연금 지급률, 연금 최대 지급률을 비교하여 평가한다. 먼저 기여금 부담률을 살펴보면, 공무원 연금은 정부와 공무원이 각각 9%씩 부담하여 총 18%를 납부한다. 반면 군인연금은 정부와 군인이 각각 7%씩 부담하여 총 14%를 납부한다. **이에 기여금 부담 측면에서는 군인연금이 공무원 연금보다 4%포인트 유리하다.** 기준소득월액은 연금 수령액을 산정하는 기준이 되는 금액으로, 상한액이 높을수록 연금 산정에 유리하다. 공무원 연금은 소득이 아무리 많아도 기준소득월액 상한이 870만 원으로 제한되는 반면, 군인연금은 975만 원까지 인정된다. **이는 군인연금의 기준소득월액 상한이 공무원 연금보다 105만 원 더 높아 유리함을 의미한다.** 연금 지급률을 비교하면 공무원 연금은 1.7%인 반면, 군인연금은 1.9%로 0.2%포인트 높다. 또한 연금 최대 지급률은 공무원 연금이 61.2%인데 비해 군인연금은 62.7%로, 군인연금이 1.5%포인트 더 유리하다.

종합적으로 볼 때, 기여금 부담률, 기준소득월액 상한, 연금 지급률, 연금 최대 지급률 등 모든 측면에서 군인연금이 공무원 연금보다 조건이 더 우수하다. 예를 들어서 근속기간 30년, 평균 기준 월액 500만 원일 경우 공무원 연금과 군인연금은 기여금으로 각각 46만 원, 40만 원을 공제하고 연금으로 각각 약 255만 원, 285만 원을 받게 된다.

군인공제회는 대한민국 군인과 군무원의 복지·금융 지원을 위한 기관으로 회원에게 저축, 대여(대출), 복리후생, 주택사업 등 다양한 경제적 지원 서비스를 제공한다. 군인은 군인공제회 서비스 중에서 퇴직급여, 목돈 수탁저축, 대출을 주로 활용한다. 이 중에서도 복리 저축 상품인 퇴직급여를 가장 많이 이용한다. 이는 재직 기간 중 매월 급여수령액 중 일정액을 회원부담금(적금액)으로 납부하여 적립하고 이를 타 금융기관보다 높은 이율로 증식시켜 전역 시에 일시금 또는 연금처럼 수령 가능한 제도이다. 이율은 2026년 초 기준, 4.9%로 일반 기준금리인 2.5%를 상회한다. 통상 임관부터 70만 원 내외 저축 시 전역 시점에 4억 원 내외의 목돈을 수령할 수 있다. 퇴직급여의 특징인 복리 이자는 시간이 지날수록 이자가 이자를 낳아 장기적으로 가장 강력한 저축 수단이다. 예를 들어 월 30만 원을 연 5% 단리 적금으로 10년간 납입할 경우 총 납입액은 3,600만 원이며, 만기 수령액은 약 4,500만 원 수준이다. 이는 이자가 원금에 대해서만 계산되기 때문이다. 반면 동일한 조건에서 연 5% 복리 적금에 가입할 경우 이자에 다시 이자가 붙어 만기 시 약 4,650만 원을 수령할 수 있다. 즉, 복리 적금은 단리 적금보다 약 150만 원 더 받는다. 이 금액이 얼마 안되는 듯 보이지만 30년 이상 장기적으로 계산이 되면 복리의 경우 2.3억 원을, 단리의 경우 1.8억 원을 수령해 그 차이가 약 5천만 원에 달한다.

마지막으로 퇴직수당이다. **군인 퇴직수당은 직업군인이 전역할 때 지급되**

군대에서 꿈을 설계하다

는 일시금으로, 군 복무에 대한 보상과 전역 후 생활 안정을 목적으로 한다.
이는 기준 소득월액과 복무 기간 등을 기준으로 산정된다. 일반적으로 30년 내외 군 복무 후 전역 시 약 1억원의 퇴직수당이 지급된다. 퇴직수당은 전역 시에 일시금으로 지급하며 매달 지급되는 연금과는 별도이다.

지금부터는 군 선배들의 사례와 금융 전문가의 조언을 종합해 도출한 결론에 근거하여 노후대책 준비 방안을 제시하고자 한다. 여기서 핵심은 방법 자체가 결코 어렵지 않다는 점이다. 다만 독자들이 기본적인 개념을 얼마나 잘 이해하고 이를 실제로 실천하느냐에 따라 성취 여부가 달려 있다. **기본 개념은 전역 후 최소 생활비용을 먼저 산정한 뒤, 매달 수령하는 연금과의 차액을 개인연금 등 보충 수익으로 충당하는 것이다.**

먼저 전역 후 최소 생활비용 산정 부분이다. 군인연금은 유사한 조건 하 그 어느 연금보다 많은 액수로 지급된다. 하지만 자녀가 아직 대학생 이하 취학생일 경우 상황은 달라진다. 전역 전 소득액의 최소 70~80%는 유지해야 한다. 즉, 전역 전 1억 원의 연봉 수준이었다면 전역 후에는 8천만 원 수준의 소득은 필요하다. 연금이 연 4천만 원 수준이라면 3~4천만 원의 추가 소득이 필요한 것이다. 퇴직수당이나 군인공제회 저축금은 있으나 대부분 전역 후 주택문제를 해소하기 위해서 사용된다. 따라서 별도의 직업을 갖거나 전역 전부터 준비해 온 개인연금, 저축액이 있어야 충당이 된다. 사실, 4천만 원 이상의 연봉을 받는 직업을 선택하면 모든 문제는 해결된다. 하지만 여러 가지 사정으로 직업을 갖지 못하는 경우도 발생할 수 있다. 이 경우는 연금 외 최소 월 3백만 원 정도의 고정 수익이 있어야 자녀 학비를 포함한 생활비를 마련할 수 있다고 판단된다.

그렇다면 어떻게 하면 직업 없이도 월 3백만 원 수준의 고정 수익을 창출할 수 있을까?

먼저, 개인연금(IRP 등)을 통한 고정수익이다. 일반적으로 25세부터 연 4% 수익률로 30년간 매월 약 30만 원을 개인연금으로 적립할 경우, 55세 이후 매월 100만 원의 연금을 30년간 수급할 수 있다. 개인연금은 비교적 소액으로도 조기 시작이 가능하며, 장기간 유지할수록 복리 효과를 기대할 수 있다는 장점이 있다. 또한 현역으로 복무기간 세액공제를 받을 수 있어서 연말정산 시 세금을 환급받을 수 있다.

둘째, 배당·이자 수익, ETF, 장기 적립식 펀드 등을 활용하여 매월 100만 원 수준의 고정수익 구조를 추가로 만들어야 한다. 당연히 고정 수익 구조를 만들려면 씨드머니가 있어야 하고 그 액수는 금융 상품의 조건에 따라 다르기에 여기서 언급하기는 제한된다. 다만 이러한 은퇴 상황과 관련 재무학에서 '4% 원칙'을 권장하고 있다. 이 원칙은 보유 자산의 4%를 매년 인출해 사용하고, 이후에는 물가상승률만큼 인출 금액을 늘려도 약 30년 동안 원금이 유지될 가능성이 높다고 본다. 약 3억 원의 자산을 보유하고 있다면, 4% 원칙에 근거해 매년 1,200만 원을 인출할 수 있고, 이를 월 단위로 나누면 매달 약 100만 원을 안정적으로 사용할 수 있다. 이 경우 매월 100만 원의 고정수익은 물론이고 원금은 그대로 유지되어 비상시 여유자금으로 활용할 수 있다. 위 내용은 참고 사항으로 제시한 것이고 자세한 것은 재무 설계사 또는 투자 전문가를 통해 결정할 것을 추천한다.

셋째, 큰 금액은 아니지만 국가유공자로 지정되어 수당을 받도록 해라. 군인이 보국훈장을 수여 받고 국가유공자로 등록이 되면 지방자치단체로부터 매월 보훈 급여금(수당)으로 10~30만 원을 받는다. 또한 의료·교통료 감면 등 다양한 법적·사회적 혜택을 받게 된다. 보국훈장은 33년 이상 군 복무를 하고 징계 없이 전역한 모든 장교에게 수여된다. 단, 33년의 군 복무를 하려면 대령 이상 계급으로 진급되어야 한다.

그 외에, 배우자가 소득이 없는 경우도 국민연금에 가입하면 연금 수령이 가능하다. '국민연금 임의가입 제도'에 의해 전업주부도 만 18세 이상이면 가입이 가능하다. 필자의 배우자도 국민연금에 소액을 납입해서 65세 이후에 30만 원 내외를 수령한다. 수령액은 납입액과 납입 기간에 따라 달라지므로 국민연금 공단에 문의 후 가입하면 된다.

요컨대, 전역 후 노후 자금 마련 전략은 군인연금이라는 확실한 기반 위에 개인연금과 군인공제회를 결합하고, 전역 이후의 소득 창출 전략까지 연계하는 종합적·장기적 재정 설계로 이루어져야 한다. 필자가 제시한 방법들은 초급장교 시부터 조금의 관심만 있으면 누구나 계획하고 시행할 수 있는 내용들이다. 군 복무 시기는 노후 준비를 위한 가장 중요한 기간이며, 이 시기의 전략적 선택이 전역 이후 삶의 질과 안정성을 결정짓는 핵심 요소가 됨을 명심하기 바란다.

❷ 내 집 장만하기

군인의 복지 혜택 중 가장 큰 것은 복무기간 내내 관사(아파트)를 제공해 주는 것이다. 그런데 아이러니하게도 관사 제공은 전역 후 거주할 내 집 마련에 소홀해지는 주원인으로 작용한다. 최근에는 예전보다 많은 장교들이 내 집 마련에 관심이 늘었지만 개인 관심사에 따라 뒷전인 경우도 많다. 필자는 다행스럽게도 배우자의 노력으로 소령 때 내 집을 마련해서 전역 후 거주지에 대한 걱정은 없다. 만약 나와 배우자가 동시에 내 집 마련에 무관심했으면 아마도 지금 많은 후회를 하고 있을 것이다.

군인에게 주어지는 특별한 혜택인 주택지원을 잘 활용하면 누구나 내 집 마련 전략을 구상하고 실천할 수 있다. 다음에 제시하는 내용은 저자의 경험적 요소와 내 집 마련에 성공한 선·후배들의 사례에 근거한 것이니 잘 실천해 보기 바란다.

　　군인이 내 집을 마련하는 전략은 민간 공급제도와 군인공제회 공급, 군인 관사지원 제도를 함께 활용하는 것이 핵심이다. 군인은 관사지원 제도를 통해 주거비용 지출이 없으므로, 이를 바탕으로 청약통장 유지와 저축을 병행한 목돈 마련에 집중해야 한다. 어쨌든 목돈이 어느 정도는 있어야 대출을 추가로 받아 분양신청을 할 수 있기 때문이다. 이는 잦은 이사를 감수해야 하는 어려움이 있다. 일부 동료들의 경우, 자녀 교육을 위해서 이른 시기부터 정착지를 선정해서 내 집 마련을 하는 경우도 많다. 하지만 이 경우는 부모의 금전적 지원 없이는 주거 선호 지역에 아파트를 마련하기가 사실상 어렵다. **저자가 추천하는 전략은 자녀 전학 부담이 그나마 적은 중학교 시기까지는 제공되는 관사에 가족이 함께 거주하며 목돈을 모으고, 다양한 청약제도를 통해서 내가 원하는 지역에 내 집을 마련하는 것이다.** 이 경우 자녀들이 잦은 전학을 해야 하는 단점도 있지만, 자녀 개인의 성격과 특성에 따라서 크게 문제가 안 되는 경우도 많다. 그러나 자녀가 전학에 많은 어려움을 겪는다면 한 지역에 정착해서 학업 여건을 보장해 주는 것은 당연한 것이다.

　　자녀가 중학교 졸업 이후에 기숙형 고등학교를 입학하면 관사 거주기간을 더 늘릴 수 있다. 그러면 주택 마련을 위한 선택지는 더욱 넓어진다. 현재 군인 자녀들이 입학 가능한 기숙형 학교가 계속 설립되고 있다. 2014년 파주에 한민고등학교를 개교하여 많은 군인 자녀들이 입학하였고 2026년에는 영천고등학교가 새롭게 개교했다. 국방부는 향후 이러한 형태의 고등학교 설립을 지속 추진할 계획이다.

　　다음은 형성된 목돈을 가지고 아파트 분양을 받는 방법에 대해서 알아보

자. 군인공제회 공급과 민간 공급 두 가지 방법이 있다. **먼저 군인공제회 공급 주택은 군인 대상으로 공급되거나 우선권이 주어지기에 가장 유용한 내집 마련 방법이다.** 택지공급 주택과 군인공제회 자체 택지개발에 의한 주택 공급이 있어 연중 지속 분양 중이다. 이때 군인공제회 회원에게 1순위 청약 자격이 부여된다. 다만, 기존에 국민주택이나 민영주택에 당첨된 사실이 있는 경우에는 당첨 후 10년이 경과 된 시점에 1순위 자격이 부여된다. 군인공제회의 저축 및 대출 상품을 연계하면 주택 구입 자금을 안정적으로 마련할 수 있다. 관련 분양 정보와 금융지원 내용은 군인공제회 홈페이지에서 확인할 수 있다.

다음은 민간공급(일반공급, 특별공급)을 통해서 주택을 마련하는 경우이다. 군인은 지원되는 관사에 최대한 거주하며 무주택 기간을 쉽게 유지할 수 있어 청약 제도에서도 강점을 가진다. **기관추천, 생애최초, 신혼부부 등 다양한 특별공급과 함께 일반 공급, 군인공제회 공급을 병행하면 당첨 가능성을 크게 높일 수 있다.** 이중 일반공급시 25년 이상 근무한 장기복무 군인은 '주택공급에 관한 규칙' 제4조 9항에 의해, 현 거주지에 상관없이 수도권을 포함한 전국 아파트 청약시 국방부 추천에 의해 공급 1순위 경쟁 자격이 부여된다. 단, 투기과열 지구는 제한되나 이는 정부 시책에 따라 변동되므로 목돈을 마련하면서 시기를 잘 살피면 된다. 이는 수도권에 거주하려는 이들에게는 매우 큰 혜택이다. 여기에 디딤돌 대출이나 보금자리론과 같은 정책자금 대출을 활용하면 목돈 마련 부담을 줄일 수 있다. 여기서 반드시 유의해야 할 점이 있다. **민간 공급뿐만 아니라 군인공제회를 통한 공급에서도 결정적 당첨 요소 중 하나가 무주택 기간이다. 특히, 부모로부터의 상속이나 증여로 주택을 취득할 경우 무주택 자격이 상실될 수 있다는 점에 유의해야 한다.** 저자의 동료 중 부모님으로부터 재산 가치가 낮은 주택을 상속받아 선호도가 높은 아파트 분양에 참여할 수 없는 경우도 있었다. 이는 흔히 발생하는 사례로 상속 주택에 대해서는 무주택 인정 특례, 지분 상속, 일정 기간 내 처분, 상속 포기 또는 재산분할 협의 등의 제도를 통해 무주택 지위를 유지하거나 회복할 수 있다. 꼭 참고 바란다.

다시 종합하면 관사 거주를 통한 목돈 마련 및 무주택 기간 유지, 군인공제회 공급과 민간 공급 동시 활용, 군인공제회를 통한 금융 대출 등을 종합적으로 활용할 경우 군인은 일반 국민보다 유리한 조건에서 내 집 마련이 가능하다.

❸ 여가 활동을 위한 다양한 문화·취미 활동 준비하기

전역 후의 여가 시간을 풍요롭게 보내기 위해서는 전역 이전부터 문화·취미 활동을 준비해야한다. 군인뿐 아니라 모든 직장인에게 해당되는 것으로, 가장 중요한 은퇴 준비 중 하나이며 TV 방송에서도 자주 다뤄진다. 하지만 군인은 여러 제약 조건으로 인해 사전에 준비하기가 쉽지 않다. 그럼에도 군 생활의 특성을 고려하여 다음과 같은 방향으로 준비할 수 있다.

먼저 군 복무 중에는 공간적으로 작전 책임지역에, 시간적으로 규칙적인 일과표에 익숙해지므로 전역 후 갑작스러운 활동 영역의 확대와 여가 시간의 증가는 오히려 무력감이나 공허감으로 이어질 수 있다. 이에 **전역 이전부터 독서, 운동, 음악, 사진, 글쓰기 등 혼자서도 즐길 수 있는 취미를 미리 경험해 보고, 자신에게 적합한 활동을 찾아두는 것이 바람직하다.**

둘째, 노후까지 장기적으로 지속할 수 있는 운동 종목을 준비할 필요가 있다. 군 복무 중에는 축구, 테니스, 배드민턴과 같은 비교적 고강도의 운동을 선호하지만, 이러한 종목은 전역 후 사회 동호회를 통해 즐기더라도 대체로 5~10년 정도에 그치는 경우가 많다. 따라서 전역 이후에는 신체에 부담을 주지 않으면서도 꾸준히 실천할 수 있는 걷기, 등산, 수영, 자전거, 요가와 같은 저강도 운동을 생활화함으로써 여가 활용과 건강 관리를 동시에 챙기는 것이 바람직하다.

셋째, 인적 네트워크를 유지할 수 있는 활동을 마련하는 것이 좋다. 동호회, 지역 문화센터, 봉사활동, 동문·전우 모임 등은 사회적 관계를 지속시키고 고립감을 예방하는 데 도움이 된다. 군 시절 쌓은 업무 경험을 살려 소규모 단체의 운영이나 기획에 참여하는 것도 의미 있는 여가 활동이 될 수 있다.

마지막으로, 여가 활동을 위한 시간과 비용 준비 계획을 함께 세워야 한다. 연금·퇴직자금 설계 시 여가·문화 활동에 사용할 예산을 미리 고려하면 전역 후에도 경제적 부담 없이 취미 생활을 지속할 수 있다. 이처럼 전역 이전부터 취미 개발, 학습, 건강 관리, 사회적 관계, 재정 계획을 함께 준비한다면 노후의 여가 활동은 보다 안정적이고 만족스럽게 이어질 수 있다.

❹ 자녀 교육 및 양육 지원

군인의 자녀 양육은 일반 가정에 비해 더 어려운 측면이 있는 것이 사실이다. 부모의 근무지 변경에 따른 잦은 전학, 오지 근무로 인한 가족 간 별거 가능성, 장기간 훈련 등으로 인해 상대적으로 열악한 환경에 놓이기 때문이다. 이러한 특성을 고려하여 육군의 육아 지원제도는 민간기업에 비해 체계적으로 마련되어 있다. 이러한 제도를 효율적으로 사용한다면 교육 및 양육 환경은 좋지 못하더라도 부모가 원하는 자녀로 성장시킬 수 있다. 저자도 군에서 부여하는 다양한 제도적 혜택을 받았고 그 결과는 매우 만족스럽다고 생각한다. 그럼 군인으로서 최선의 자녀 양육과 교육 방법은 무엇일까?

먼저, 국가와 군이 제공하는 다양한 육아 지원제도를 적극 활용해야 한다. 군인은 육아휴직, 배우자 출산휴가, 탄력근무제, 군 어린이집과 국공립 어린이집 우선 이용, 아이돌봄 서비스 등 여러 제도적 지원을 받을 수 있다. 이러한 제도를 충분히 활용하면 근무 공백을 최소화하면서도 자녀 양육에 실질적인 도움을 받을 수 있다. 과거의 경우 육아휴직은 여군들의 전유물이라 생각했다. 남성 군인은 생각도 못 했다. 그러나 현재는 다수의 남성 군인이 육아휴직을 포함한 다양한 육아 지원제도를 활용하고 있다. 오히려 이러한 풍토는 당연한 것으로 군내 인식이 바뀌고 있다. 최근에는 부부 군인이 많이 늘고 있다. 그 이유는 부부 군인은 근무지를 동일한 지역으로 신청하면 이를 반영해서 부대를 배치한다. 부부가 동거하면서 다양한 육아 지원제도를 활용하면 부대 업무에 미치는 영향을 최소화하면서도 자녀 양육에 집중할 수 있다.

최근에 직업으로서 육군 간부에 대한 여군의 선호도는 높다. 그 이유는 "경단녀"의 부담이 없어서이다. 진급 제도를 포함한 모든 평가 시 출산 및 육아로 인한 개인 불이익은 대부분 사라졌다. 또한 장기복무 및 진급 선발 시 여군 선발 비율을 고려하기에 동일 조건 하에서 경쟁하는 측면도 간과할 수 없다. 인구 절벽 시대에 병역자원의 급감 현실은 출산 및 양육 여건 보장의 중요성을 점점 더 부각시킬 것이다.

둘째, 잦은 전학을 고려한 교육 전략이 필요하다. 근무부대 조정으로 인해 전학이 잦은 경우, 교육과정이 지속될 수 있는 환경을 만들어 줘야 한다. 즉, 온라인 학습, 독서 중심 교육, 자기주도 학습 능력을 키워주면 학교가 바뀌어도 학습의 연속성을 가질 수 있다. 일정 시점 이후에는 거주지를 안정화하여 교육의 연속성을 보장해 줄 필요성이 있다. 필자가 주변 동료들의 여러 경우를 봤을 때 고등학교 입학 시점이 가장 최적이다. 기숙형 학교를 입학하거나 아니면 부부 중 한쪽은 고등학교와 연계된 지역에 정착하는 방법이 있다. 이처럼 **잦은 전학을 전제로 한 교육 전략은 단기적인 적응을 넘어 장기적인 성장과 학습 안정성을 목표로 설계되어야 한다.** 필자도 두 명의 자녀가 있다. 첫째 아이는 기숙형 고등학교를 보냈고 둘째 아이는 서울에 정착하여 일반고를

　　　　　　　　　　　　　　　　　　　　　군대에서 꿈을 설계하다

진학시켰다. 결과론적으로 두 자녀 모두 자기 진로를 잘 찾아가고 있다.

또한 **군인 가족과 민간 네트워크 활용이 중요하다.** 군 복무간 맺어온 군인 가족 모임, 학부모 커뮤니티 등에 참여하면 다양한 학업 정보를 취득할 수 있다. 서로 다른 지역에 거주하면서도 최신 학업 정보를 공유할 수 있고 자녀에게는 효율적 학습법과 학업 동기를 제공할 수 있다.

군인 자녀는 정시보다는 수시로 대학교를 입학하는 경우가 유리하다. 물론 학업능력이 탁월하여 특목고 등의 정시 위주의 고등학교에 입학할 수도 있다. 하지만, 적지 않은 군인 자녀들이 일반형 학교나 농·어촌에 위치한 학교에서 대학입시를 준비한다. 또한 군인 자녀는 잦은 전학으로 체계화된 사교육을 받기가 어렵다. 물론 사교육 여부가 교육 성취도를 나타내는 척도는 아니지만 큰 영향 요소인 것 만큼은 부인할 수 없다. 따라서 국어, 영어, 수학 위주의 정시를 준비하는 데는 불리함이 있는 것은 사실이다. 그렇다면 수시를 통한 대학입시를 준비하는 것도 나쁜 선택은 아니다. 오히려 자기 주도형 학습을 하는 자녀라면 최상의 선택이라 할 수 있다. 수도권의 일반고나 읍·면 소재지 고등학교에서 최상위권의 성적을 거두면 특목·자사고에서 입시를 준비하는 것보다 상위권 대학 입학에 유리하다. 그렇다고 일반고에서의 학업이 특목·자사고에 비해 쉬운 것은 아니다. 특목·자사고는 동료 집단의 학습 수준이 높아 상호 자극 효과가 크지만, 일반고는 그렇지 못하다.

셋째, 자녀의 성향을 고려한 맞춤형 계획이 필요하다. 군인 자녀는 잦은 이동을 전제로 개인 성향과 적성에 맞는 교육 방향을 설정해야 한다. 만약 자녀가 사회성이 좋고 외향적이면 변화되는 환경에 적응을 잘한다. 반면에 내성적이고 사회성이 다소 낮으면 어려운 상황에 직면하는 경우가 많다. 따라서 사회적 관계가 두드러지는 중학교 이상의 자녀들의 경우, 개인 성향을 고려한 전학은 꼭 필요하다. 특히 고등학교 진학 시기와 같이 학업 부담과 진로 선택이 본격화되는 시점에는 전학 없이 동일 학교에서 교육을 받을 수 있도록 하는 것이 바람직하다.

군 주거지원 사업 훈령에 보직 이동 시점에 자녀가 중학교 2학년 이상일 경우 이사를 유예하는 제도가 있다. 따라서 자녀가 취학 중인 학교를 계속해서 다니고 싶다 하면 졸업 시까지 관사 퇴거를 유예받을 수 있다. 고등학교 재학생도 마찬가지로 관사 퇴거를 유예 받을 수 있다.

군경력을 활용한 제2의 직업 찾기

전역 후 제2의 직업은 전역 후 삶을 의미 있고 안정적으로 관리하는 데 큰 역할을 한다. 경제적 측면은 물론이고 정서적 안정과 사회적 관계를 유지하는 데도 도움을 준다. 이는 단순한 취업 활동을 넘어, 군 복무 간 축적한 개인 역량과 가치관을 민간 사회에서 지속 가능한 가치로 연결하는 선택이라 할 수 있다.

먼저, 경제적 측면으로 군인연금만으로는 전역 이전의 인적 관계, 문화 수준을 유지하기 쉽지 않다. 앞서 말했듯이 자녀가 취업을 하지 못한 상태이거나 내 집이 없는 경우라면 더욱 그렇다. 그 외에도 의료보험도 지역가입자로 전환되면서 군 복무 시보다 2배 내외의 보험료를 납부해야 한다. 경제적 여력은 건강을 제외한 그 어떤 요소보다 노후 삶의 질을 결정한다.

제2의 직업은 전역 후 역할 상실로 인한 심리적 공백을 완화하는 기능을 한다. 모든 장교는 전역 전 부서장 또는 지휘관 직위를 수행하면서 명확한 역할과 책임을 가졌다. 하지만 전역 이후 이러한 역할이 사라지면서 일시적 또는 장기적으로 심리적 불안이나 무력감을 경험한다. 새로운 직업을 갖게 되면 일상에 규칙성과 목표 의식이 형성되어 정서적 안정도 꾀할 수 있다. 또한 직업 활동은 군 복무 간의 인적 관계를 넘어 사회적 관계의 지속과 확장을 가능하게 한다. 즉, 전역 이후에는 기존의 인간관계가 급격히 축소될 수 있는데, 제2의 직업은 새로운 동료 관계와 사회적 네트워크를 형성하는 데 도움을 준다.

마지막으로 전역 후 구직 활동은 경력 단절을 최소화한다는 점에서 의미가 크다. 장기복무 군인은 조직관리, 인력·인사관리, 위기관리 등 다양한 경험을 축적했으며, 이는 민간 영역과 직·간접적으로 연계되어 있다. 이러한 경험적 전문성은 사회적 활용 가치를 높인다. 특히, 군에서 체득한 리더십, 문제 해결 및 위기관리 능력, 책임감 등은 공공기관, 공기업, 민간기업 등 다양한 영역에서 요구되는 핵심역량이다. 이러한 직무 역량을 제2의 직업과 연계 시, 개인의 직업 만족도뿐 아니라 국가의 인적자원 활용 측면에서도 유의미하다 할 수 있다.

❶ 경력직 채용 제도를 활용한 재취업

장기간 군 복무 후 재취업을 준비할 때는 군 경력을 '단절된 경력'이 아니라 '전문 경력'으로 활용하는 것이 핵심이며, 이를 위해 경력직 채용 제도를 적극 활용할 필요가 있다. 사실, 경력직 채용은 재취업의 가장 높은 비율을 차지하고 있다. 정확한 채용 비율은 육군에서 관리하고 있지 않으나 필자의 주변을 살펴보면 절반 이상을 차지한다. 경력직 채용 종류를 보면 육군 내 직위, 공공기관 군 관련 직위, 민간업체 비상기획관, 군 교수 직위 등이 있다. 먼저 육군 내 직위는 제대군인지원 관련 법령에 의거 국방개혁 직위, 군무원 전환 직위, 예비전력 관리 직위, 병영생활 전문상담관, 비상근 예비군,

예비역 교관과 장성 관찰관, 정책연구관, 전문평가관 등이 있다. 위 직위들은 대부분 소령 이상의 장기복무 장교를 대상으로 선발하고 있다.

공공기관 군 관련 직위는 지방자치단체 군 협력관, 비상기획관 등의 직위가 있다. 군 협력관은 통상 중령 이상의 전역 장교를 지자체에서 선발하여 채용한다. 군과 업무 연관성이 많은 시·군에서 채용 중이며 군부대와 지자체와의 교류 협력과 민원 업무를 담당한다. 비상 기획관은 소령 이상 장교를 대상으로 중앙 행정기관, 시·도청 및 교육청에서 선발한다. 주요 업무로는 비상 대비계획을 수립하며 비상 대비 훈련을 주관한다.

민간 중점관리업체는 회사의 직원 수 또는 매출 규모별로 대령~대위까지 비상 대비 업무 담당자를 선발한다. 여기서 중점관리업체란 비상 대비에 관한 법률에 따라 국가가 관리하는 주요 산업체를 의미한다. 통상 대령은 부장, 중령은 차장, 소령은 과장급 대우를 받는다. 주요 업무로는 비상 대비계획을 수립하고 예비군 관련 업무를 수행한다. 비상 기획관은 별도의 선발시험을 거쳐 선발하며, 해당 시험은 비상 대비 관련 법령, 헌법, 논술 및 면접 등 4개 과목으로 구성된다. 개인 연봉이 타 직군에 비해 높아서 선호하는 직업이다. 하지만 선호도만큼 경쟁률이 높아서 강도 높은 시험 준비가 필요하다.

다음은 대학 특수학과 교수 직위이다. 자격요건으로는 중령 이상 장교로 석사학위 이상 소지자이면 된다. 계약기간은 초빙교수의 경우 1~2년 단위 재계약이 필요하고, 전임교수는 65세까지 임기가 보장된다. 군사학과 교수는 13개 대학에서, 부사관학과 교수는 18개 대학에서 채용하고 있다. 이 외에도 각급 대학교에서 군 관련 과목을 개설하여 군 출신 장교를 교수로 채용하고 있다.

최근에 우리나라의 방산 사업은 수출 증가로 최고의 호기를 맞고 있다. 국내 방산 산업은 유럽 및 중동 국가로의 수출 확대로 인력 수요가 늘고 있다.

　　　　　　　　　　　　　　　　　　　군대에서 꿈을 설계하다

특히 연구개발(R&D), 시스템 설계, 사업기획, 야전과의 연계성 분석 등의 직무를 중심으로 경력 채용이 이루어지고 있다. 대표적인 기업으로 항공 및 무기체계를 개발 및 제조하는 한화 에어로스페이스, 정밀 유도무기와 통신 전자 체계 등 첨단 분야 중심의 LIG 넥스원, 한국항공우주산업(KAI), 현대 로템 등이 있다. 최근 방산업체 관계자의 말에 따르면, 관련 분야 공학 기술 자격증, 프로젝트 관리(PMP 등), 영어 능력, 보안 업무 등을 사전에 준비하면 취업에 유리하다.

❷ NCS 등을 활용한 직업 찾기

위에서 언급한 직업군 외에 군 경력을 활용한 직업을 찾기 위해서는 사전 확인할 사항이 있다. 먼저, **군 경력을 국가 차원에서 표준화한 NCS(National Competency Standards, 국가 직무능력표준)를 확인해 사회에서 취업이 가능한 직업군을 선별해야 한다.** NCS는 산업현장에서 직무를 성공적으로 수행하기 위해 요구되는 지식, 기술, 태도 등의 내용을 국가가 산업 부문별로 표준화한 것이다. 군 복무 간 수행한 업무 중 조직관리, 인사·행정, 안전·보안, 시설·장비 운영, 교육훈련 등의 분야는 민간 직무와 상당 부분 연계된다. 따라서 전역 전에 자신의 군 경력을 민간 직무 기준으로 재정리하고, NCS와 연계해 직무기술서 형태로 정리해 두는 것이 중요하다. 이는 경력직 채용 지원 시 경력 인정의 중요 자료가 된다.

둘째, 육군 취업지원센터에서는 수시로 군 경력직 채용 정보를 제공하고 있다. 또한 실제로 취업박람회를 통해서 기업체와 직접 연결해 주기도 한다. 개인이 스스로 군 경력직 취업 정보를 찾기란 힘들 것이다. 따라서 관련 정보가 취합되는 취업지원센터 게시판을 활용하는 것은 매우 유용하다.

마지막으로, 육군이 지원하는 취업 지원 프로그램을 활용하면 이력서·자기소개서 작성, 면접 준비, 등에 있어서 도움을 받을 수 있다.

군인의 삶은 '사명감'과 '진로 설계'가 만나는 여정이다

군인의 길은 단순한 직업 선택을 넘어, 한 사람의 인생 방향을 결정하는 중대한 선택이자 국가에 대한 희생과 헌신을 약속하는 길이다. 이렇게 중요한 선택을 최소한의 정보에만 기대어 결정하는 젊은 세대들의 모습이 안타까워 이 책을 출간하게 되었다. 처음에는 "도움이 될까"라는 의구심에서 시작했으나 책을 마무리하는 시점에 있어서는 "정말 도움이 되겠구나"라는 확신으로 바뀌게 되었다. 초급장교의 눈 높이에 맞추고자 책자 초고를 완성한 후에도 이들의 의견을 청취하여 완성도를 높였다.

부족한 제 책이지만 군인이 되기를 희망하거나 군인으로서 진로를 결정하는 시점에 있는 초급 장교들에게 많은 도움이 되었으면 한다.

또한 소령 이하 중견 간부들이 군 복무 간 반드시 실천해야 할 사항을 제시하였다. 독자보다 두 단계 또는 세 단계 상위계급에서 실천해야 할 내용들이다. 이 내용들은 군 복무 목표와 연계되

어 있다. 목표설정 이론에서 제시했듯이 중견 간부들은 장기 목
표보다는 10년 이내의 중기, 단기 목표에 집중하게 되어 있다.
전역 이후의 목표는 나의 꿈과 목표와는 다소 거리가 멀기 때문
이다.

우리는 1장에서 국민과 상관, 부하의 관점에서 바라는 군인의
기대 상을 살펴보며, 군인이 지녀야 할 책임감과 전문성, 그리고
인간적 품성을 확인하였다. 2장에서는 군인 역시 다양한 꿈을 품
고 성장한다는 사실을 조명하였다. 병과 선택에서부터 장기복무
지원, 일반형 장교와 전문인력 장고로의 진로 결정에 이르기까
지, 군에서의 경력은 수동적으로 주어지는 것이 아니라 능동적
으로 설계하고 준비하는 과정임을 확인하였다. 3장과 4장에서는
육군 인사관리 모델과 병과·계급별 경력관리 체계를 이해함으로
써, 개인의 진로와 인사제도가 어떻게 맞물려 작동하는지 살펴
보았다. 5~7장에서는 꿈을 실현하기 위한 구체적인 경력개발 전
략을 다루었다. 양성 과정부터 위관·영관장교에 이르기까지 경
력관리와 연관되는 핵심 실천 사항들을 제시하였다. 이 책에서
필자가 말하고자 하는 핵심 내용이 있는 부분으로 오랜 군 생활
의 연륜으로 집필한 부분이다. 마지각으로 '군에서 사회로' 어떻
게 하면 안정적으로 이어지는지 그 방법을 제시했다. 군 복지제
도와 연금, 주거지원 제도는 단순한 혜택이 아니라, 헌신에 대한
국가의 약속이며 전역 후 새로운 출발을 준비하는 기반이다. 또
한 군에서 쌓은 리더십, 위기관리 능력, 조직 운영 경험은 사회에

서도 충분히 경쟁력 있는 자산이 된다. 군 경력은 끝이 아니라 또 다른 시작을 위한 자산이며, 제2의 직업과 새로운 꿈을 설계하는 든든한 토대가 된다.

결국 군인의 삶은 '사명감'과 '진로 설계'가 만나는 여정이다. 올바른 군인상을 지향하며, 제도를 이해하고, 진로를 결정한 후 스스로 경력을 전략적으로 준비하며, 미래를 대비하는 사람만이 자신의 꿈을 현실로 만들 수 있다.

이 책이 각자의 자리에서 복무하는 모든 군인에게 하나의 나침반이 되기를 바란다. 오늘의 선택과 준비가 내일의 진급을 넘어, 인생 전체의 방향을 결정한다는 사실을 기억하며, 각자의 꿈을 끝까지 완주하기를 기대한다.

부록

#1 MBTI 성향과 군 진로 선택

#2 병과별 근무 여건 및 진로 전망 평가

#1 MBTI 성향과 군 진로 선택

군대에서 꿈과 목표를 성취하는 데 있어 개인의 성향은 매우 중요하다. 내가 좋아하고 나의 소질과 적성에 맞는 분야를 찾는 것은 군 생활의 만족도를 높일 뿐만 아니라, 군 복무 목표를 성취하는 데에도 중요한 역할을 한다. **동일 교육을 받고 유사한 복무환경 하에서 근무하더라도, 어떤 장교는 지휘관으로서 두각을 나타내는 반면, 어떤 장교는 참모 직위나 연구, 정책 분야에서 더 높은 성과를 보인다. 이러한 차이는 능력의 우열이라기보다는 개인이 정보를 처리하고 판단하며 행동하는 방식의 차이 즉, '성향'의 차이에서 비롯된다.**

개인의 성향을 판단하는 분석 도구로 MBTI, Big Five, DISC, 애미어그램 등 10여 종류가 넘는다. 이 중에서 필자가 MBTI를 선택한 이유는 과학적 신뢰도는 다소 낮으나 가장 대중적이고 누구나 쉽게 접할 수 있기 때문이다. 반면 다른 분석 도구들은 과학적이지만 학술적 사용 정도의 전문성이 필요하기에 여기서 다루기는 부담스러웠다.

MBTI는 개인의 성향을 네 가지 관점에서 분석하여 16가지 유형으로 분류하는 성향 모델로, 선발이나 평가를 위한 도구가 아니라 '최소한의 수준으로 자기 이해'를 통해 개인의 적성 분야를 찾아보기 위한 수단이다. **이를 군 진로 설계에 적용할 경우, MBTI는 "나는 이런 사람이다"를 가르는 기준이 아니라, "나는 이런 성향으로 이런 분야에 흥미를 가질 수 있겠구나"를 판별하는 정도에서 활용하면 좋을 듯 하다.**

필자는 MBTI를 개인의 성향을 규정하는 지표라기보다, 성장 가능성이 높은 영역을 파악하는 도구라는 측면에서 활용하였다. 다음에 제시할 사례이

 군대에서 꿈을 설계하다

긴 하지만, 대표적인 지휘관 성향으로 손꼽히는 ESTJ 유형이라고 해서 반드시 지휘관이 되어야 하는 것도 아니며, 가장 전문 직위에 적합한 INTP 유형이라고 해서 현장 지휘에 부적합한 것도 아니다. **나의 MBTI 성향이 내가 진로 분야에 적합하다면 자신감을 가지고 더욱 몰입하면 되고, 그렇지 않다면 내 희망 진로에 적합한 유형의 사람으로 바뀌려 노력하면 되는 것이다.** 실제 MBTI는 개인이 처한 환경적 요인에 영향을 받아 검사 결과가 바뀌는 경우가 다수이다.

군 진로 설계에서 핵심은 조직 내에서 개인이 가장 빠르게 성장할 수 있는 분야를 전략적으로 선택하는 것이다. 개인의 성향에 대한 이해는 이러한 선택을 합리적으로 만들어 준다. MBTI 16개 유형을 기준으로 성향별 군 조직 내 어떤 역할에서 강점을 발휘할 수 있는지, 그리고 장기적으로 어떤 경력 경로와 연결될 수 있는지를 제시함으로써, 독자 여러분에게 작은 도움이 되기를 바란다. 아래 내용은 ChatGPT가 해석해 준 MBTI 유형별 개인 특성을 참고로 필자가 군 업무 분야를 적용하여 재해석 한 내용이다.

참고사항

구분	내용	
에너지 방향	E (관계, 말하기 선호, 외향)	I (소수 선호, 내향, 신중)
인지 기능	S (경험, 실제 정보, 상상력 낮음)	N (포괄, 비현실, 상상력)
판단 기능	T (감정보다 사실, 논쟁)	F (감정 중시, 따스함, 존중)
행동 기능	P (흐름대로, 시간 변경, 융통성)	J (계획, 시간 준수, 지연 없음)

ISTJ 유형: 일에는 빈틈없는 책임형 관리자

규칙과 절차를 중시하며, 조직이 안정적으로 운영되도록 묵묵히 책임을 수행하는 성향을 가진다. 감정보다는 사실과 원칙에 기반해 판단하며, 주어진 임무를 끝까지 완수하는 신뢰성이 가장 큰 장점이다. 보완해야 할 점이라면 직관으로 미래를 예측하거나 거시적 관점의 업무는 다소 어려워한다.

군에 적용하면, 이 유형의 장교는 상급자로부터 부여된 임무에 대해서 어떻게든 완수하려는 자세를 가진다. 그러나 지휘관 직책을 수행 시는 다소 권위형 리더십의 성향이 강할 수 있다. 따라서 직관력(N)과 감정(F) 영역의 능력을 보완하여 병력관리와 사고 예방 분야에 관심을 기울이면 좋다. ISTJ 유형은 실행력과 관리 역량이 뛰어나 전문인력 분야나 기술·행정 병과, 전투병과 중 군수 특기 직위에서 강점을 보인다.

ISFJ 유형: 최고의 동료이자 조직에 헌신형 지원가

16개 유형 중에 안전성을 추구하려는 욕구가 가장 높다. 따라서 계획되거나 예측되는 사안에 대해서는 미리 준비하지 않으면 불안해서 잠을 못 이루는 타입이다. 또한 공감 능력이 뛰어나 타인의 필요에 민감하고, 조직 내 구성원들의 심리적 안정과 관계 유지를 중요하게 여긴다.

이 유형은 부대에 대한 소속감이 강해서 눈에 띄는 리더십보다는 조용한 헌신을 통해 조직을 지탱하는 유형이다. 다만, 새로운 업무를 기획하기보다는 꼼꼼한 실행을 통해서 성과를 창출하는 스타일이기에 정책부서에 근무하기 위해서는 N(직관, 예측)을 키워야 한다. 모든 병과의 지휘관 직위에 적합한 유형이며 행정병과에 강점이 있다.

INFJ 유형: 예측과 본질에 집중하는 전략가

단기 성과보다는 장기적인 의미와 가치를 중시하는 유형으로 조직이 나아가야 할 방향, 제도의 윤리성, 정책의 사회적 영향 등을 깊게 고민하는 성향을 가진다. 자기 성장의 욕구가 꾸준하며 자기계발을 통해서 장기적 활용에 대비하려는 성향이 크다. 또한 직관(N)을 잘 활용하여 상황 예측이 빠르고 업무추진 시 목적, 배경 등 목적과 본질에 집중하는 특성이 있다.

동료들과 원활히 소통하고 공감하는 능력을 갖추어 군 조직 전반에서 활용 가치가 높은 인재 유형이다. 전투병과를 포함한 전 분야에서 역량 발휘가 가능하며, 특히 국방정책, 국제협력, 군 인권, 교육 등 중·장기적 관점에서 전략과 계획을 수립하는 전문인력 분야에 강점이 있다.

ISTP 유형: 우발상황에 대처 능력이 좋은 전술 전문가

위기 상황에서 빠르게 판단하고 현실적인 해결책을 찾는 실무형 문제 해결자다. 이론보다 실제 작동 여부를 중시하며, 장비와 시스템에 대한 이해력이 뛰어나다. 군에서는 장비 조작 능력이 뛰어나 다양한 무기체계 운용에 적합하며 우발상황에 대처 능력이 좋아 군사 업무에 다방면으로 활용이 가능하다. 다만, F(감정) 기능이 상대적으로 낮아 타인에 대한 배려가 다소 부족할 수 있다. 따라서 타인의 의견에 대해서 비판적 자세보다는 수용하려는 입장에서 들어준다면 보다 좋은 영향력을 가질 것이다.

군에서는 전문가형과 문제 해결형 분야에 활용이 적합하다. 따라서 장비를 주로 다루는 전투병과인 포병, 기갑, 항공, 방공병과에 적합하며 기술 전문인력 분야, 공보작전을 수행하는 정훈병과에 강점이 있다.

ISFP 유형: 장비 관리와 실무 능력을 겸비한 기술 장인

조용하지만 손기술과 현장 적응력이 뛰어난 유형이다. 경쟁보다는 자기 역할에 집중하며, 세밀한 작업을 꾸준히 수행하는 데 강점이 있다. 대중 앞에 자신을 드러내는 것을 선호하지 않으며, 미래보다는 현실에 충실한 성향을 보인다. 또한 최소한의 움직임을 선호하여 특정 분야에 집중해서 업무를 수행하는 것을 선호한다. 실제로 많은 미술가와 음악가가 ISFP 유형에 속한다.

군에서도 특정 분야에 전문성을 가지고 자기만의 영역에서 임무 수행하는 직위들이 있다. 해당 직위로는 기술 전문인력, 기술병과, 전투병과 군수 특기, 특수병과 등에서 높은 적합도를 보인다.

INFP 유형: 아이디어가 많고 배려가 넘치는 군인

인간적인 의미와 윤리를 중시하며, 조직 내에서 사람 중심의 역할을 수행하는 유형이다. 권력이나 성과보다 '옳은 방향'에 관심을 두어, 상담과 교육 분야에 적합하다. 사람 중심이다 보니 'NO'라는 대답보다 가급적 'YES'라는 대답으로 상대방을 배려하는 유형이다. 또한 아이디어가 많아서 새로운 방향으로 업무 추진을 잘 유도한다. 그러나 중요한 의사결정 순간에는 판단기능 중 T(**감정보다 사실, 논쟁**)를 활용할 수 있어야 한다. 이 순간에 타인의 감정을 너무 고려하다 보면 의사결정이 지연되는 경우도 있다.

군에서는 전문인력 분야로 국제협력, 무관, 교수, 연구개발, 교육훈련 및 인권 관련 직위에서 장점을 발휘할 수 있다. 그 외에도 특수병과에서 장병 건강 관리 및 정신건강 유지 분야에도 적합하다.

군대에서 꿈을 설계하다

INTJ 유형: 강한 추진력을 가진 연구개발 전문가

합리적 예측과 추론, 장기적 안목에서 문제를 해결하려고 노력하는 스타일이다. 본인이 추진하는 업무에 확신이 들면 강한 추진력과 끝까지 해내는 집념은 탁월하다. 워낙 추진력이 강해서 주변 의견을 간과하는 면이 있기도 하다. 또한 새로운 것에 대한 탐구심이 강해 지속적인 자기개발에 힘쓰는 유형이기도 하다. ISTJ와 함께 완벽을 추구하는 스타일이긴 하나 좀 더 미래지향적이고 거시적인 안목을 중시하는 측면에서 차이가 있다. 단, 융통성과 타인과의 감정 교감에 부족한 측면이 있다.

만약 지휘관 임무 수행을 하게 된다면 강한 추진력은 좋으나 지나치게 완고한 자세는 조직을 경직시킬 수 있음에 주의해야 한다. 특정 목표 달성을 위해서 장기간 강한 추진력이 필요한 경우, 여기에 적합한 인재 유형이라 볼 수 있다. 정보통신 분야의 전산 특기, 특수병과, 기술병과 중 군사경찰, 전문인력 중 연구개발, 교수 등에 강점이 있다.

INTP 유형: 아이디어 뱅크, 국방 분야 연구자

이론과 논리에 기반한 사고를 즐기며, 복잡한 문제를 구조적으로 해석하는 데 능하다. 누군가와 협업하는 것보다 스스로 문제 해결을 선호하며 거시적 관점에서 위험 가능성을 예측하는 데 능하다. 매사에 호기심과 지적 탐구 욕구가 있어 연구직에 강점을 보인다. 반면에 자신의 의견과 신념에 대해서는 잘 굽히지 않아 조직의 의사결정에 어려움을 겪게 하는 경우도 있다.

군에서는 전문인력 중 교수, 연구개발, 기술 및 기능 전문, 국방관리 분석 분야에 강점을 가진다. 국방과학연구소, KIDA, 무기체계 및 전력 분석 분야에서 핵심 인재로 활용될 수 있다.

ESTP 유형: 돌파형 현장 리더

행동력이 뛰어나고 위험을 두려워하지 않으며, 즉각적인 판단과 실행에 강한 유형이다. 또한 갈등과 중재 상황에서 상황판단을 통한 융통성 있는 조치에 능하다. 자신을 표현하기를 좋아하는 유형으로 카리스마를 가지며 조직에서 인정받기를 추구하는 유형이다.

군에서는 리더십과 상황 조치 역량을 겸비한 전투병과 지휘관으로 적합한 유형이나, 실행 능력에서 J(**꼼꼼한 계획 수립 및 시행**)를 보완할 필요성이 있다. 보병, 포병, 기갑 위주의 전투병과 지휘관으로서의 장점을 가지고 있다.

ESFP 유형: 부대의 분위기 메이커

사람들과의 상호작용에서 에너지를 얻으며 조직 분위기를 활성화하는 역할을 한다. 또한 자신의 에너지를 바탕으로 네트워크를 확장하는 데 강점을 보인다.

군에서는 인간관계를 포함한 다재다능한 능력이 있어 부대 간 업무협조 및 유관기관과 협력 유지, 우호적인 대민 관계 유지에 능력을 발휘할 수 있다. 부대원의 사기를 진작시키는 능력이 남다르며, 새로운 임무에 대해서도 적극적이고 책임감 있는 태도로 임하는 점이 돋보인다. 반면, 업무추진 의지가 강한 만큼 다수의 과업을 동시에 수행하려는 경향이 있어, 과업의 우선순위를 명확히 설정하고 단계적으로 추진하는 습관을 가질 필요성이 있다. 전투병과 지휘관 직위와 홍보, 대외협력 등을 담당하는 공보정훈 계통이나 인사 분야 업무에 적합하다. 또한 교관 직위에서도 역량을 발휘할 수 있다.

군대에서 꿈을 설계하다

창의성과 언어 능력이 뛰어나며, 매사에 새로운 가능성을 탐색하는 데 강한 유형이다. 다양한 동료와의 관계를 지향하며 관심사 또한 다양해서 'N잡러'의 성향을 가진다. 새로운 업무에 대한 적응력도 뛰어나 매번 만족스러운 성과를 나타낸다. 혼자만의 업무보다는 부서원 다 같이 하는 업무를 통해 시너지를 얻는다. 다만, 동시에 많은 일을 처리하는 성향이므로 불안한 업무처리와 기한을 걱정하는 일이 발생한다. 따라서 행동 기능에 J(계획, 시행)를 보완해야 하는 측면이 있다.

군에서는 전투병과 지휘관 직위와 전문인력 분야의 국제협력, 정책 개발 분야와 당면 과제 해소를 위한 TF 등 변화와 소통이 필요한 분야에서 적합하다.

ENTP 유형: 변화 설계자

연구자보다는 외부 영역과 접촉을 하면서 새로운 흥미를 만들고 타인을 설득하는 데 매우 능숙하다. 직관적 아이디어로 새로운 분야를 개척하고 임기응변에도 능해서 다양한 위기관리에도 유용하다. 사회와는 다르게 군대 조직은 폐쇄성으로 외부 문화를 잘 받아들이지 않는 경향이 있다. ENTP 유형의 장교는 기존 군 구조의 문제점을 제기하고 새로운 방식을 설계하는 데 강점을 지닌다. 특히 병력 절감으로 인해 군 구조의 혁신적인 변화가 요구되는 시점에서 이러한 역할에 적합한 인재 유형이라 할 수 있다.

전투병과 지휘관 직위와 전문인력 분야의 국방혁신, 미래전력, 정책기획 분야에 적합하다.

ESTJ 유형: 전통적 지휘관

규율과 솔선수범, 책임감을 기반으로 조직을 이끄는 전형적인 리더형 인물로 조직의 수장으로 성장할 가능성이 높은 유형이다. 현실적인 목표를 가지고 효율성 있는 업무추진이 장점이다.

군대에서는 책임감이 뛰어난 유형으로 위기 상황 시 임무형 지휘에 매우 적합하다. 성과에 대한 보상에 매우 합리적으로, 본인도 성과에 대한 열망이 강하고 부하 중에서도 성과가 높은 인원을 선호한다. 결과 중심주의 경향으로 의사결정 과정에서 주변 의견에 소홀할 수 있는 여지가 있다. 따라서 판단 기능에서 F(감정)를 보완하려는 노력이 필요하다. 보병, 포병, 기갑 등 전투병과 지휘관 직위에 적합하다.

ESFJ 유형: 배려심이 좋은 부대 관리형 리더

규율과 규칙에 의해 조직을 관리하면서도 주변 사람들과의 관계를 중시한다. 또한 타인의 심리 상태와 관심 사항에 대해서도 항상 주의를 기울여 세심한 부서원 관리에 능하다.

군대는 다양한 조직이 유기적으로 연결되어 있어 상호 관계에 근거한 업무수행 자세는 매우 중요하다. 또한 병력 관리에 있어서도 역지사지의 자세로 장병들의 상태와 어려움을 파악하고 조치할 수 있는 능력은 필수이다. ESFJ 유형은 이러한 관계 지향적 조직에 매우 적절하다. 이 밖에도 다양한 의견을 수렴하여 최선의 방책을 도출하는 업무 스타일로 합리적 의사결정이 필요한 시기에 유용한 유형이다. 군에서는 모든 병과의 지휘관 직위에 적합하며, 인사병과 및 전투병과 인사 특기에도 잘 어울린다.

　　　　　　　　　　　　　　　　　　군대에서 꿈을 설계하다

ENFJ 유형: 교관 능력을 가진 전투수행 전문가

모든 유형 중 가장 언변에 능하고 상대방을 설득하는 능력이 남다르다. 타인을 성장시키는 데서 만족을 느끼는 멘토형 리더십을 가진 유형이다. 업무에 있어서는 빈틈없이 처리하려는 습성이 강하다. 다만, 인정받고자 하는 욕구가 강하지만, 주변으로부터 이러한 피드백이 없으면 업무 동기가 떨어질 수 있다.

군에서는 브리핑 및 군사정책 기획안을 국방부 외 타 업무부처와 협력을 하는 경우가 많다. 이때 가장 유용한 무기는 타인을 설득할 수 있는 논리적 언변 능력으로 고급 장교에게 있어서 중요한 역량 중 하나이다. ENFJ 유형은 다양한 장점을 가지고 있어 모든 병과의 지휘관 및 참모 직위에 적합하다. 특히 전투병과 작전 특기와 전문인력 중 정책 전문 직위에 강점이 있다.

ENTJ 유형: 최고 지휘관형

업무추진 의지가 매우 강하고 시간 개념이 명확하여, 기한이 정해진 일은 어떠한 상황이 생기더라도 만기 내 완료하는 타입이다. 복잡한 일이 발생하면 오히려 도전 의식이 생겨 아무리 어려운 문제도 해결한다. 조직관리와 조직원에게 신뢰를 주는 리더 역량을 가지고 있으며 새로운 분야에 도전을 마다하지 않는 스타일이다.

전형적인 군인 소양을 가진 유형으로 군 조직에서 고위 지휘관형으로 성장이 유망하다. 다만, 부하를 관리함에 있어 T(사고,냉정)보다는 F(감정, 공감)를 이용해야 한다. 전투병과 지휘관 직위에 적합하며, 그 중에서도 보병, 포병, 기갑 등 고위급 지휘관으로 성장할 수 있는 병과를 추천한다.

#2 병과별 근무 여건 및 진로 전망 평가

병과 선택은 단순히 "어느 병과가 더 좋아 보이는가"의 문제가 아니다. 한 번의 선택이 30여 년간의 군 생활 방향과 진급 구조, 보직 흐름, 전문성 축적, 나아가 전역 이후의 삶까지 영향을 미친다. 그러나 많은 장교 후보생은 막연한 이미지나 일부 선배의 조언, 단편적인 정보에 의존해 병과를 결정하는 경우가 많다.

이에 필자는 본인의 경험과 병과 장교들의 의견을 종합해 7가지 평가 요소를 도출하고, 이를 5점 척도로 분석하였다. 평가 요소는 워라벨, 근무 환경 등 7가지이다. **중요한 것은 요소별 절대적 우열이 아니라 "나의 군 복무 가치관과 목표에 어떤 구조가 더 적합한가"이다.** 워라벨을 중시하는가, 복무 안정성을 추구하는가, 군인으로서 군내 영향력을 원하는가, 혹은 강한 성취와 경쟁 환경을 감수할 준비가 되어 있는가 등등.

그리고 7가지 요소에 대한 평가는 군내 상황에 따라 지속 변할 수 있는 변수이므로 이 점은 유념해 주기 바란다.

구분	내용
워라벨	근무 시간, 조직 문화, 휴가 및 휴식 여건
근무 환경	자녀교육 여건, 문화시설, 자기계발 여건, 근무 강도
장기선발 가능성	장기 경쟁 비율(3개년 평균)
진급선발 구조	대령으로 진급 경쟁 비율
군인 성취감	최고 진급 계급, 군인으로서의 정체성
육군 내 영향력	주요 정책부서 보직, 장성 지휘관 직위, 인사권자 직위
전역 후 진로	군 관련 직업 연결성, 군경력 민간 활용 분야

보병병과

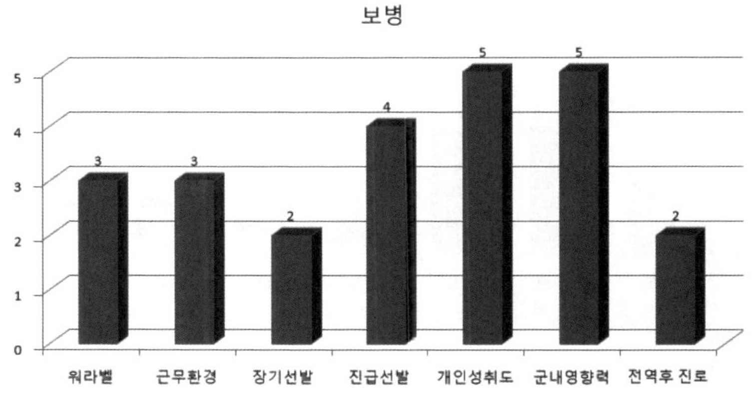

보병 장교는 근무지가 격오지부터 수도권 및 서울까지 다양하게 분포되어 있고 근무 강도도 근무 환경에 따라 결정되는 경우가 많아 워라벨과 근무 환

경은 중간 수준으로 평가했다. 워라벨의 경우, 과거에는 지휘관의 성향에 따라서 많은 차이를 보였다. 하지만 최근 간부들의 기본권 보장이 강조되면서 지휘관의 성향이 영향을 미치는 경우는 많이 줄어들었다.

장기복무 선발의 경우 타 병과 대비 높은 경쟁비로 2점을, 진급 선발 분야는 대상이 다수이긴 하나 공석 수가 많아 상대적으로 유리하기에 4점을 부여했다. 개인 성취도와 군내 영향력은 다수의 장성이 보병 출신이고, 4성 장군 역시 대다수가 보병이기에 최고점으로 평가했다. 반면 전역 후 진로의 범위가 타 병과에 비해 좁아 2점으로 평가했다. 다만, 보병병과 중 군수, 전력 특기는 보병 내 타 특기에 비해 전역 후 진로 선택의 폭이 넓다.

포병병과

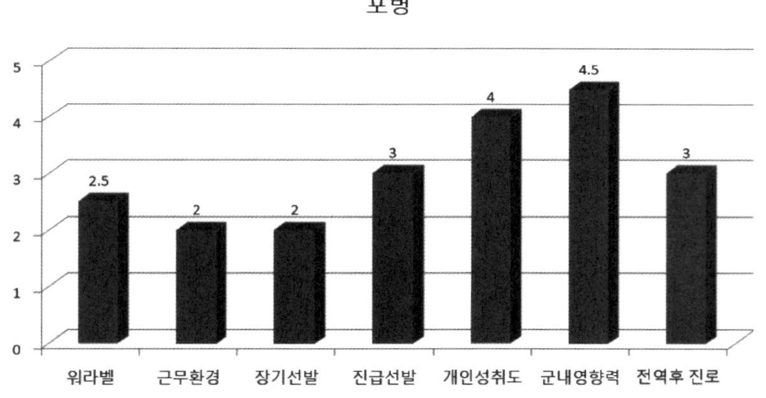

포병 장교가 근무하는 대부분의 부대는 경기도와 강원도 북부 지역에 위치해 있다. 이는 북한의 도발에 즉각 대응하기 위해 포병부대가 전방에 배치될 수밖에 없기 때문이다. 또한 전방사단 예하 포병부대의 경우 다른 병과에 비해 대기 근무가 많고, 도심지에서 떨어진 곳에 위치한 경우가 많아 여가를

　　　　　　　　　　　　　　　군대에서 꿈을 설계하다

활용할 수 있는 여건이 상대적으로 부족하다. 따라서 워라벨과 근무 환경을 2.5, 2점으로 평가했다. 다만, 대기 근무에 따른 수당 지급과 휴가 보장 등으로 어려움에 대해 보상하고 있다.

장기복무 선발 경쟁비는 타 병과보다 높아 2점을 부여하였고 진급 선발은 대령 이상 진급 경쟁비가 중간 수준으로 3점으로 평가했다. 최근 포병 장교가 사단장급 이상 고위 지휘관으로 다수 진출하고 있고, 이에 따른 군내 영향력이 커지고 있어 개인 성취도와 군내 영향력 부분을 모두 4.5점으로 평가했다.

전역 후 진로는 군 경력 연계 채용 직위 외에도 장비 운용 경력을 토대로 방산업체로 진출할 수 있어 평균 수준으로 판단하였다.

정보병과

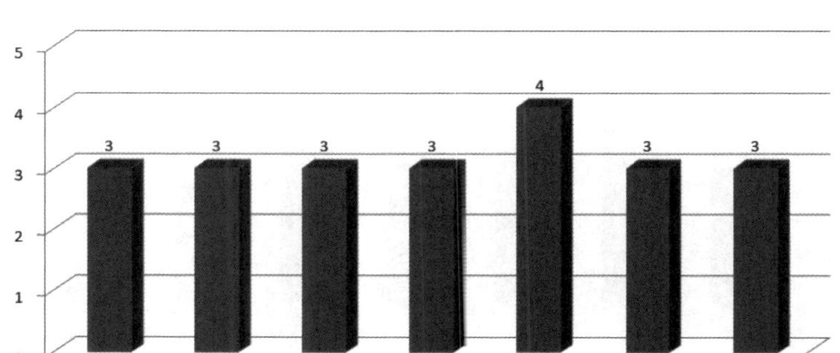

정보병과 장교의 직위는 대부분 사단급 이상 제대 사령부에 편성되어 있어 근무 환경은 상대적으로 양호하다. 하지만 현행 작전과 정보 상황 대기 근무가 있어 워라벨과 근무 환경은 타 병과와 유사한 수준인 3점으로 평가했다.

정보병과의 장기복무 선발 경쟁비와 대령까지의 진급 경쟁비는 전투병과 평균 수준으로 장기 선발과 진급 선발 부분 모두 3점 평가를 했다. 개인 성취도는 장성 배출 인원이 많지는 않으나 3성 장군까지 진출이 가능하고 정보 본부를 중심으로 한 별도의 조직을 가지고 있어 4점을 부여했다. 군내 영향력은 정책부서에 직위 수가 많지 않고 병과 최고 계급이 3성 장군으로 중간 수준으로 평가했다.

전역 후 진로는 전투병과 장교가 지원할 수 있는 군 경력 연계 채용 직위뿐만 아니라, 정보본부 등 군무원 분석 직위, 무관 등 해외 근무 시 습득한 외국어 능력을 활용한 관련 분야로의 진출도 가능하므로 평균 수준으로 판단하였다.

기갑병과

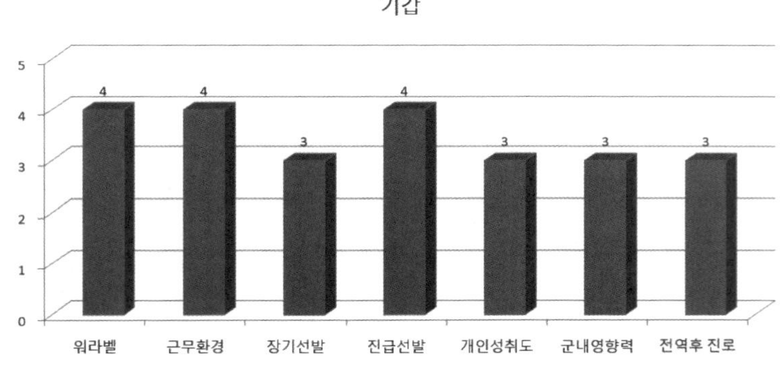

기갑병과 장교는 다수가 기갑여단이나 기동사단에 근무하게 된다. 이 부대들은 대부분이 수도권 인근이나 강원도 후방지역에 위치해 있다. 따라서 타 병과들에 비해 근무 여건이 좋다. 훈련이 많은 편이나 그에 따른 휴식 여건 보장이 잘 되고, 보병병과나 포병병과에 비해 현행작전을 수행하는 빈도가 적어 워라벨과 근무 여건은 4점으로 평가했다.

장기복무 경쟁비는 평균 수준으로 이 분야는 3점을, 대령으로 진급 경쟁비는 전투병과 평균 수준보다 높아 4점으로 판단했다. 개인 성취도 측면으로 장성 배출 인원이 많지는 않으나, 기갑장교로 느끼는 자부심과 역할을 고려 평균 수준으로 평가했다. 군내 영향력 부분은 4성 장군까지 진출이 가능하나 정책부서에 직위 수가 적어 중간 수준으로 평가했다.

전역 후 진로는 타 전투병과에 대등한 수준으로 평가되어 3점을 부여했다.

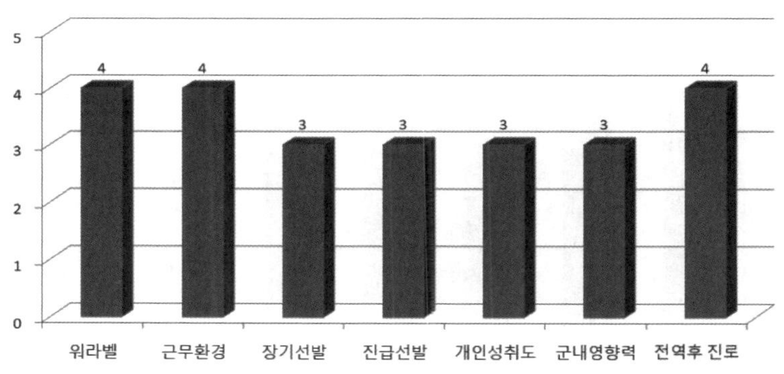

공병병과 장교는 사단급 제대 이상에 근무하게 된다. 또한 국방 시설본부를 포함한 다양한 공병 부대들이 수도권 인근에 위치해 있다. 따라서 타 전투병과에 비해 근무 여건이 양호하다. 또한 보병이나 포병병과에 비해 현행작전 수행하는 빈도가 적어 워라벨과 근무 환경은 4점으로 평가했다. 다만, 소수 인원이긴 하나 전방 지역에서 지뢰 제거 작전 등 위험성 임무를 수행한다.

장기복무 경쟁비는 타 전투병과 대비 평균 수준으로 3점 평가를 했다. 대령과 장군으로 진급 경쟁비는 전투병과 평균 수준으로 역시 3점으로 평가했다. 개인 성취도와 군내 영향력 측면으로, 최근 공병병과에서 사단장을 이례적으로 배출했으며, 군 내 다양한 지원을 통한 자긍심 등으로 중간 평가를 했다.

전역 후 진로는 전투병과가 지원할 수 있는 군 경력 연계 채용 직위 외에도 공병장교는 민간기업의 군내 공사 감독관 직위로 재취업이 용이해 4점으로 평가했다.

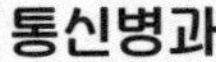

통신병과

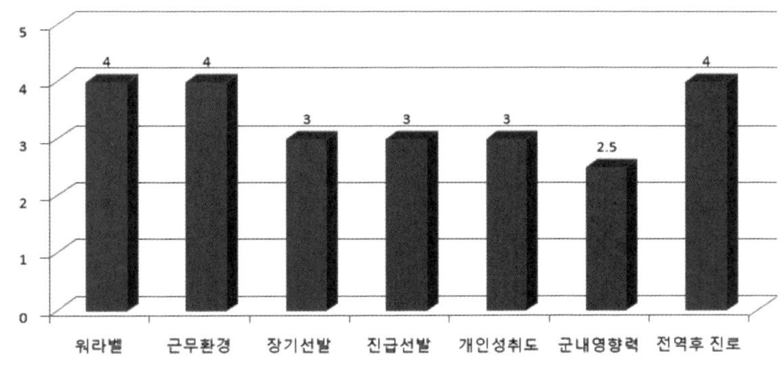

위관장교 필수직위로 전투병과 대대급 제대에서 통신 소대장과 여단급 제대에서 중대장 직위를 이수한다. 이 기간은 보병 장교들과 유사한 근무 여건을 갖는다. 그 이후는 주로 사단급 이상 부대에 근무하게 되어 근무 환경은 좋아진다. 또한 보병이나 포병병과에 비해 현행작전 수행하는 빈도가 낮고 전문성이 있는 업무수행으로 워라밸과 근무 여건은 4점으로 평가했다.

장기복무 경쟁비는 타 전투병과 대비 평균 수준으로, 대령으로 진급 경쟁비는 전투병과 평균 수준으로 각각 3점으로 평가했다. 개인 성취도 부분으

 　　　　　　　　　　　　　　　　　　　　軍대에서 꿈을 설계하다

로, 소장이 지속 배출되고 전투병과 중 가장 전문성을 가졌기에 중간 수준으로 평가했다. 다만, 공병병과와 비교해 전투지원의 범위가 한정적으로 군내 영향력은 2.5점으로 평가했다.

전역 후 진로 분야로 정보통신 분야는 민간 영역과 공통 부분이 많고, 민간기업의 관련 직위로 재취업이 비교적 수월하여 4점으로 평가했다.

방공병과

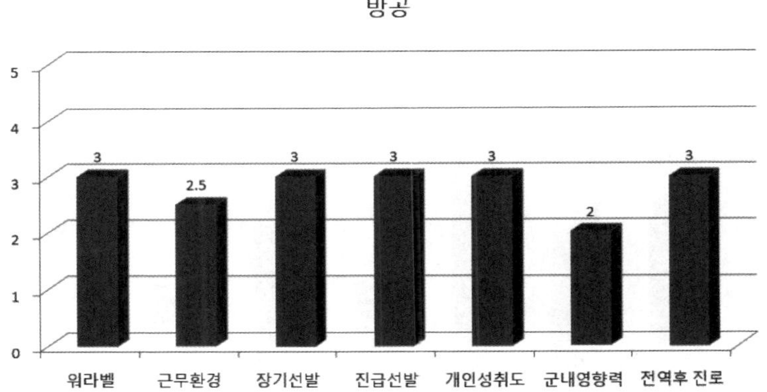

소대장 직책을 주로 방공진지에서 수행하므로 근무 환경은 타 전투병과에 비해 어렵다. 하지만 그 이후 참모, 중대장 직위부터는 사단의 직할부대에서 근무하므로 근무 여건은 개선된다. 따라서 중간보다 다소 낮은 수준으로 평가했다. 워라벨 측면은 초급장교 기간 전투병과에 비해 대기 근무가 빈번하나 이에 따른 추가 수당 지급과 휴가 여건 보장 등으로 평균 수준으로 평가했다. 진급 선발 시 가점 부여와 금전적 보상을 목표로 경계부대를 희망하는 초급 간부가 늘어나고 있다.

장기 선발 경쟁 비율은 타 병과와 대등한 수준으로 3점으로, 대령으로 진급 비율 역시 전투병과 대비 대등한 수준으로 3점으로 평가했다. 개인 성취도는 장성 배출 인원이 소수이지만, 현행작전을 수행하는 자긍심과 역할, 그에 대한 경력상의 보상 등을 고려해 평균 수준으로 평가했다. 다만 병과 인원이 많지 않아 군내 영향력은 2점으로 평가했다.

전역 후 진로는 군 경력 연계 채용 직위 외에도 장비 운용 경력을 살려 방산업체로 진출할 수 있어 평균 수준으로 판단하였다.

육군항공병과

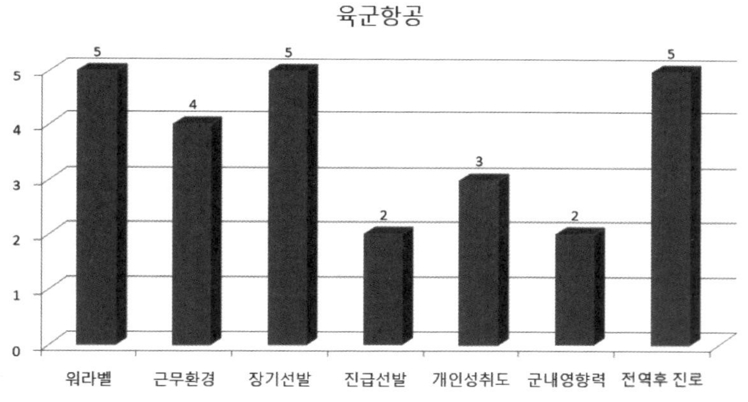

육군항공병과 장교는 임관과 동시 조종 교육을 실시하고 이후 군단급 직할부대에 근무한다. 또한 비행장 특성 상 군단 후방지역에 위치해서 근무 여건은 좋다. 또한 개인의 기량과 컨디션이 매우 중요한 병과이므로 근무와 휴식 여건을 타 병과에 비해 확실히 보장한다. 따라서 워라밸과 근무 환경을 4점 이상으로 평가했다. 다만, 항공기의 운행 간 위험성이 상시 존재한다는 부담은 있다.

조종사는 양성 비용과 숙련 기간 등을 고려해 대다수 인원을 장기로 선발하기에 5점을 부여했다. 다만, 신체적 즈건은 물론, 조종사로서의 엄격한 자격 조건을 통과해야 하기에 장기복무가 쉬운 것 만은 아니다. 대령으로 진급 경쟁비는 전투병과 대비 낮은 수준으로 2점으로 평가했다. 개인 성취도 측면은 최종 진출계급이 소장이고 조종사라는 자긍심과 성취감이 있어 중간 평가했다. 반면 전체 병과 인원과 장군 직위가 적어 군내 영향력은 2점 평가했다.

전역 후 진로 분야로 민간 항공사, 국가기관 항공 조종사로 이직이 용이하여 5점으로 평가했다.

기술병과(군수, 병기, 병참, 화학, 수송)

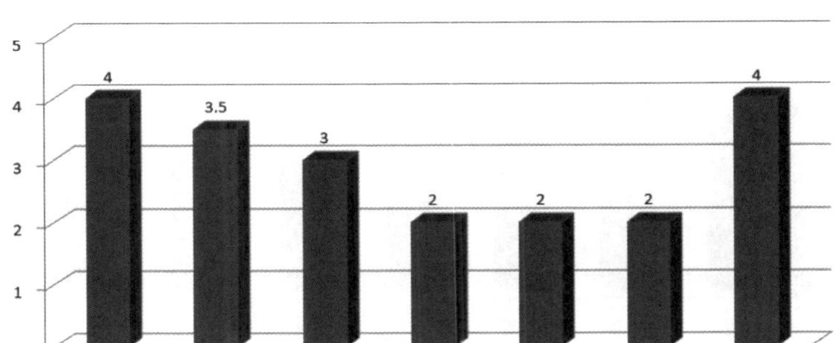

기술병과는 세부 병과 별로 약간의 차기는 있으나 평균적 수준에서 평가했다. 대부분이 사단급 이상 제대의 직할부대에서 근무하기에 근무 여건은 양호하다. 또한 전투병과에 비해 현행작전 수행하는 빈도가 적고 병과 전문성 있는 업무수행으로 워라벨과 근무 환경을 각각 4점, 3.5점으로 평가했다. 근무 환경 평가 시 병기, 병참, 수송병과의 경우 소령 진급과 동시에 군수병과로 통합되어 업무 부담이 늘어나는 측면을 고려했다.

장기 선발은 화생방병과(병과 중 2~3번째로 높음)를 제외하고는 평균 수준의 경쟁비로 3점으로 평가했다. 대령으로의 진급 경쟁비가 전투병과보다 높아 2점으로 평가했다. 최고 계급이 준장이고, 병과 인원 수가 많지 않아 군내 영향력과 개인 성취도 측면 모두 2점으로 평가했다.

전역 후 진로 분야로 평소 수행 업무가 방위산업과 관련이 많고 해 분야에 취업사례가 많아 4점으로 평가했다.

행정병과(군사경찰, 인사, 재정, 정훈)

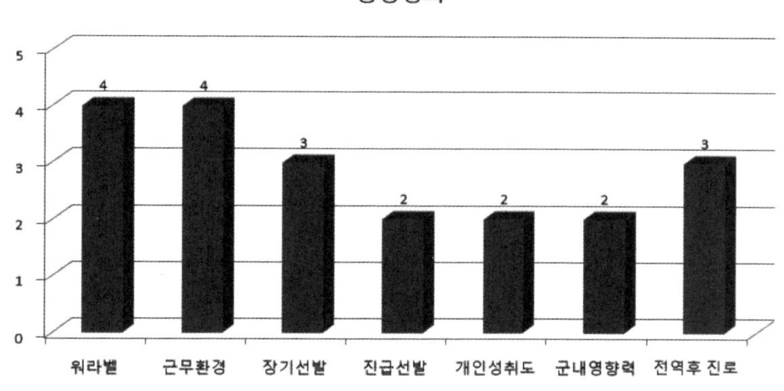

행정병과는 세부 병과 별로 차이가 있으나 평균적 수준에서 평가했다. 인사, 정훈병과 장교가 중·소위 기간 전투병과 대대급에서 근무하는 것을 제외하고는 대부분의 행정병과 장교는 사단급 이상 제대에 근무하기에 생활 여건은 양호하다. 군사경찰을 제외한 행정병과는 전투준비 업무보다는 군 행정 업무를 많이 하기에 여군이 선호한다. 또한 전투병과에 비해 현행작전을 수행하는 빈도가 낮고, 병과 전문성이 있는 업무수행으로 워라밸과 근무 환경을 모두 4점으로 평가했다.

정훈병과(전 병과 중 가장 높음)를 제외한 행정병과의 장기복무 경쟁비는 평균 수준이고 대령으로 진급 경쟁비는 전투병과보다 높아, 장기 선발과 진급 선발 분야는 각각 3점, 2점으로 평가했다. 최고 계급이 준장이고 병과 인원 수가 많지 않아 군내 영향력과 개인 성취도 역시 모두 2점으로 평가했다. 다만, 군사경찰은 수사업무 및 군법 집행 등의 업무 특성을 고려 군내 영향력은 3점 이상이다.

전역 후 진로 분야로 행정병과는 타 병과 수준으로 판단해서 중간 수준으로 평가했다.

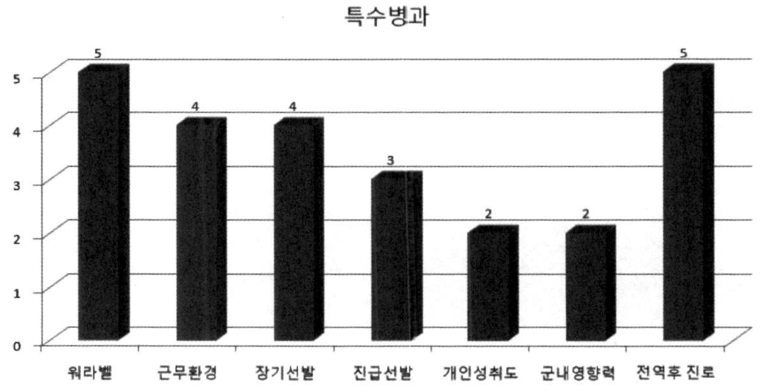

특수병과는 개인이 보유한 특수 분야의 전문성을 바탕으로 육군 임무 수행에 기여하는 병과이다. 타 병과와 비교할 때 고유한 전문 영역을 담당하고 있어, 해당 병과 장교들의 직무 범위는 관련 규정 내에서 명확히 보장되며 업무수행과 휴식 여건 또한 안정적으로 유지된다. 따라서 워라벨 분야는 5점을 부여했다. 근무 환경 측면으로 특수병과 근무부대는 대체로 후방지역에 있으나, 군의관의 경우 전투부대 군의관 근무가 의무 사항이기에 4점 평가했다.

　장기 선발 측면으로 군의관은 대다수 의무복무 후 전역하고, 의정병과를 제외하고는 대부분 장기복무 희망 시 선발되기에 4점 평가했다. 진급 선발 분야는 군의관과 법무관의 경우 진급이 용이하나 의정과 간호병과는 경쟁이 있어 중간 수준으로 평가했다. 최고 계급이 대령(**군종, 의정**), 준장(**군의, 간호, 법무**)이고, 병과 인원수가 많지 않아 군내 영향력과 개인 성취도 측면은 모두 2점으로 평가했다.

　전역 후 진로 분야로, 국가자격증 또는 민간 종교계 자격 보유로 병과 업무의 연장선상에서 사회 진출이 가능하기에 5점으로 평가했다.

군대에서 꿈을 설계하다

1판 1쇄 발행 2026년 4월 24일
지은이 정진웅

편집 이승빈 **마케팅·지원** 조아라
펴낸곳 (주)하움출판사 **펴낸이** 문현광

이메일 haum1000@naver.com **홈페이지** haum.kr
블로그 blog.naver.com/haum1000 **인스타** @haum1007

ISBN 979-11-7374-384-9(13390)